开放原子开源基金会
OPENATOM FOUNDATION
源译识

商业开源

开源软件许可实用指南

（第三版）

[美] 希瑟·米克（Heather Meeker） 著
刘 伟 译

人民邮电出版社
北京

图书在版编目（CIP）数据

商业开源 ： 开源软件许可实用指南 ： 第三版 / (美) 希瑟·米克 (Heather Meeker) 著 ; 刘伟译. -- 北京 ： 人民邮电出版社, 2023.5(2024.3重印)
ISBN 978-7-115-60171-1

Ⅰ. ①商… Ⅱ. ①希… ②刘… Ⅲ. ①软件开发 Ⅳ. ①TP311.52

中国版本图书馆CIP数据核字(2022)第231275号

内 容 提 要

本书作为讨论开源软件商业实践法律问题的图书，针对开源法律的核心——开源许可，提供了专业度极高的法律和技术原则解析。本书聚焦于如何使用开源、如何为开源项目做贡献，以及发布开源软件的常见问题，并致力于回答以下众多开源热门问题：为什么开源并不是“病毒”；GPL 是什么；如何进行开源代码审计；何为用户友好的开源规则；如何避免和应对开源索赔；如何利用开源打击专利侵权行为；如何管理开源产品的商标，等等。

本书旨在为希望了解开源软件许可相关法律问题的律师、工程师及商务人士提供实务指南，帮助律师提升法律知识水平，帮助其他人理解他们律师的观点。

◆ 著　　[美]希瑟·米克（Heather Meeker）
　译　　刘 伟
　责任编辑　杨 凌 邓昱洲
　责任印制　焦志炜

◆ 人民邮电出版社出版发行　北京市丰台区成寿寺路 11 号
　邮编 100164　电子邮件 315@ptpress.com.cn
　网址 https://www.ptpress.com.cn
　涿州市般润文化传播有限公司印刷

◆ 开本：720×960 1/16
　印张：18.75　　2023 年 5 月第 1 版
　字数：272 千字　　2024 年 3 月河北第 5 次印刷

著作权合同登记号 图字：01-2022-2374 号

定价：99.00 元

读者服务热线：(010)81055410　印装质量热线：(010)81055316
反盗版热线：(010)81055315
广告经营许可证：京东市监广登字 20170147 号

序一

当前，开源软件遍布全球，开源生态迅猛发展，成为软件创新发展的基石。近年来，我国越来越多的企业拥抱开源软件，使用开源技术的软件企业占比已近 90%，开源软件产业也已初具规模。可喜的是，我国已成为全球开源生态的重要贡献力量，参与国际开源社区协作的开发者数量排名全球第二，我国软件企业还推出了众多社区活跃度较高的高质量开源项目，吸引了大量开源开发者参与其中。开源软件已成为我国软件行业新的增长点和发力点，正在重塑我国软件行业发展的新生态，对我国数字经济的快速发展有着深远影响，对千行百业意义重大。

不容忽视的是，我国开源生态建设仍处于起步阶段，在参与全球开源治理的过程中仍面临开源文化亟待普及、开源治理能力亟待提升等问题。开源相关的法律和合规建设作为开源文化、开源治理不可或缺的重要环节，同样亟待普及，积极探索以合规的方式参与开源生态建设恰逢其时。开源软件仍在著作权法等法律框架之内，如果一味盲目使用也会带来法律风险。从这个意义上而言，开源软件是一把双刃剑。随着开源软件的大量涌现和快速迭代，如何能以合规的方式驾驭开源软件这把双刃剑，使其为我所用并尽量规避使用过程中的法律风险，成为众多企业和开源开发者都非常关心的问题，从国家发布的《中华人民共和国国民经济和社会发展第十四个五年规划和 2035 年远景目标纲要》等一系列重要文件可以看出国家对促进开源生态繁荣发展、完善开源知识产权和法律体系的重视与决心。在法律框架下保护开源行业的良性、有序发展至关重要。

在此时代背景之下，开放原子开源基金会组织翻译了由海外知名开源许可律师撰写的开源合规专著《商业开源：开源软件许可实用指南（第三版）》。这本书深入浅出地向读者介绍了如何使用开源软件、如何为开源项目做贡献，以及发布开源软件的常见问题，可以为开源实践提供切实指导。“不积跬步，无以至千里”，希望以后能有越来越多的开源组织、开源专业人士和开源专著一起为我国的开源生态合规建设助力，保障我国开源产业发展之路行稳而致远。

开放原子开源基金会作为国内首家开源基金会，自成立以来坚持以孵化开源项目为工作重心，致力于推动开源生态的繁荣发展，积极提升我国对全球开源事业的贡献，令人倍感欣喜。从发展的角度看，开源软件协同开发平台是有效支撑我国开源生态治理和发展不可或缺的基础设施，是我国开源生态成熟的重要标志。中国应该也能够给全球开源开发者提供一个可选择的新平台，中国计算机学会（CCF）正在与开放原子开源基金会共同打造这一基础设施。相信在不远的将来，越来越多的开源社区和项目能够在此平台获得优质的开源治理服务。

中国计算机学会（CCF）开源发展委员会主任

王怀民

2023年5月于长沙

序二

开源是迄今为止最先进、最广泛、最活跃的协同创新模式之一，通过汇聚创新资源、构建信任环境，促进知识、智慧、技术、成果等的共享，加速创新要素高效流动，已经成为全球技术创新和协同发展的重要模式。

近年来，在全社会的共同努力下，我国开源体系建设取得积极进展。**一方面，国家高度重视，培育开源生态成为我国软件发展的重大战略部署。**《中华人民共和国国民经济和社会发展第十四个五年规划和 2035 年远景目标纲要》首次提出“支持数字技术开源社区等创新联合体发展，完善开源知识产权和法律体系，鼓励企业开放软件源代码、硬件设计和应用服务”。工业和信息化部印发的《“十四五”软件和信息技术服务业发展规划》也明确指出要“繁荣国内开源生态。大力发展国内开源基金会等开源组织，完善开源软件治理规则，普及开源软件文化。加快建设开源代码托管平台等基础设施”。**另一方面，我国首家开源基金会成立，越来越多的科技企业愿意参与、投入并拥抱开源，积极参与全球开源治理，我国成为全球开源的主要贡献来源。**开放原子开源基金会自 2020 年 6 月成立以来，充分发挥开源生态组织者的作用，构建了开放共享、共建共治的开源服务机制，在募集资金、项目孵化、生态拓展、国际合作等方面取得积极进展。重点企业积极将优势项目开源，我国的开发者数量位居世界前列，对全球开源的贡献度不断提升。

从实践来看，我国的开源发展水平与全社会对开源的认知还有待提升。开源生态在我国的发展起步较晚，开源项目培育、开源社区建设、开源贡献者的培养与汇聚等方面与国际先进水平还存在一定差距。开源理念普及、开源文化推广等还处于较低水平，对产业的推动尚未形成有效的体系模式。企业和开发者对于如何将项目开源、如何合规使用开源代码、如何为开源社区做贡献等问题还存在“认识的盲区”。同时，大众对开源的认识普遍不足，少数从事开源事业的贡献者理解开源理念，遵循开源规则，并积极主动回馈开源社区；大部分不从事开源事业的人对开源的第一印象还仅限于无偿使用，尚未形成回馈开源社区的意识。

开源软件以附开源许可协议的模式来保证开源软件的传播和使用的权利和义务。开源软件的使用、分发、传播等都需要遵循开源许可协议的要求。为提升从业人员和社会公众对开源的认识，倡导**合规参与、使用、贡献开源**的价值取向，开放原子开源基金会组织翻译了开源合规领域国际知名律师希瑟·米克（Heather Meeker）撰写的专著《商业开源：开源软件许可实用指南（第三版）》。本书集希瑟·米克律师二十余年学术及司法实践之成果，围绕开源法律的核心——开源许可，提供了专业度极高的法律和技术解析。聚焦如何使用开源软件、为开源项目做贡献，以及发布开源软件等常见问题，面向对开源软件感兴趣的程序员、工程师和律师等，提供切实可行的开源实践指导，读者可通过本书提升合规意识，快速了解主流的开源许可协议，并做出相关业务决策。

“砥砺深耕，笃行致远”，我国的开源事业经历三十多年的栉风沐雨，一步步从学习借鉴到跟随参与，并走向蓄势引领，离不开每一位开源人的无私奉献。道阻且长，行则将至，希望接下来有更多的开源组织、开发者、企事业单位一起为我国的开源事业发展建言献策，为我国的开源生态繁荣贡献智慧。

开放原子开源基金会理事长

孙文龙

2023 年 4 月于北京

译者序

2015 年，我在律所工作期间有幸参与了一个涉及 GPL（通用公共许可证）的计算机软件侵权案件，那时与开源相关的司法案件还非常少。在这个案件的办理过程中，我第一次知道了“开源软件”“GPL”“传染性”这些对我来说非常陌生的名词，但那时并未想到自己后来的职业生涯会与开源合规有交集。直到 2021 年初加入开放原子开源基金会，我才算正式踏上了开源合规之“路”。最初开源合规这条路给我的感觉是既近又远。之所以近，是因为开源合规完全在知识产权法律框架之内，涉及最多的也无外乎软件著作权；之所以远，是因为我面临的是开源文化、开源理念、开源许可证等诸多全新的知识。自此，我推开了开源认知之门，开启之初难免困惑颇多。

师者，传道授业解惑也。在开源这个陌生的领域，专业书又何尝不是传道授业解惑之师呢？于是，我从网上买了我能找到的各个年代与开源合规沾边的图书。读过几本之后，便从最初的一头雾水，到了似懂非懂，甚至能隐约感受到开源领域的壮阔。直到读了友人孙振华推荐的希瑟·米克（Heather Meeker）女士的 *Open Source for Business: A Practical Guide to Open Source Software Licensing* (third edition)，我才真正感到眼前一亮。这本书的原版虽然是英文书，但米克律师能够化繁为简地把问题讲明白，把她从业二十余年早已悟透的开源合规的本质举重若轻地呈现在大家面前。另外，米克女士从程序员到全球顶级开源许可律师的职业经历也令人赞叹不已。常听年轻的同事们提起他们的“爱豆”，我似乎也有了自己的“爱豆”。

本书可以说是我的开源合规入门书籍，也是最适合我的那一本，没有之一。想到国内开源合规专业书如此稀缺，很多人也像我一样在开源合规的道路上摸着石头过河，我读完这本书后就特别想将其分享给大家。2021 年 4 月，我们便抱着试试看的心态以开放原子开源基金会的名义向希瑟·米克律师发送邮件询问是否能将该书翻译成中文并通过 CC 协议共享其中文版本。邮件发出去后非但没有想象中的石沉大海，还很快得到了希瑟·米克律师同意翻译的邮件回复。后来在 2022 开放原子开源峰会合规分论坛的演讲里一睹了希瑟·米克律师的风采，果然是个眼中有亮光、心中有热爱的人。

在翻译这本书的过程中，初读、再读这本书体会都有不同。反复打磨之后，我和开源合规之间的距离也由远及近了，果然是“书读百遍其义自见，古人诚不欺我”。

关于本书中文书名的由来

本书的中文书名将“Open Source for Business”翻译为“商业开源”，也是几经推敲迟迟不敢定稿，难点在于“business”一词看似简单，但有多重含义，如果贸然翻译为“商业开源”难免有抓读者眼球之嫌。为慎重起见，我们与米克女士充分沟通，了解到原来本书的英文名借用了英文短语“open for business”（开门营业）的固定用法，又加入了“source”一语双关。着实很妙，但鉴于语言差异，该双关之妙就无法体现在中文翻译上了。

关于本书的几点感悟

与其说我是这本书的译者，不如说我是这本书的忠实读者。想必有缘看到本书的读者一定能与我一样，在阅读这本书的过程中会有“原来如此”的畅快之感，非常过瘾。在此想抛转引玉，与大家分享我读本书时的一点浅见。

1. 开源许可证的本质是许可还是合同

这是个老生常谈的问题，但也是理解开源合规本质最重要的问题之一。书中仅用了两句话——“Enjoy this boon until you misbehave”（享有该恩惠，直至你行为不端）和“If you cross this bridge, I will give you $10”（如果你跨过这座桥，我将给你10美元），便说明了许可和合同二者的本质不同。

米克女士用“Enjoy this boon until you misbehave”解释开源许可证的许可本质。许可是在软件上放入开源许可证那刻起，权利人就把他拥有的该软件的著作权单方面授予所有人，直到下游使用者“misbehave”（也就是做出了不符合该许可证的限制条件的行为）才丧失基于该许可证获得的授权。许可对下游使用者而言是先有后无的，自有变无的临界点是其行为违反了该许可证的限制条件。

米克女士用“If you cross this bridge, I will give you $10”解释开源许可证的合同属性。合同是需要合同双方合意并共同参与的，即无法仅由权利人一人的意愿或行为形成合同。作者使用“过桥”的比喻，指出要形成合同的第一步，要有权利人的要约；第二步，要有合同相对人“过桥”的行为（或者说，通过行为表达了其订立合同的“意思表示”）；第三步，在合同相对人“过桥”后，权利人要受其要约约束，向合同相对人支付10美元。合同对下游用户而言是从无到有的（这一点与许可不同），临界点在于合同相对人通过“过桥”的动作表达了对权利人要约的接受的“意思表示”。在开源许可的环境中，以GPLv3.0为例，根据其第9条，“过桥”指的是下游开发者修改和传播（而不包括接收和运行）权利人的程序。这便是我理解的开源许可证是许可却“不必然”是合同的含义。合同的订立有其特定时机，在该时机前，开源许可是许可但不是合同，在该时机后，开源许可是许可也是合同。

2. 对开源许可证纵向兼容和横向兼容的解读

这是一个对大多数刚接触开源合规的人而言都有些晦涩难懂却又绕不开的问题。但米克女士同样用不长的篇幅便把这个复杂的问题讲解得非常清楚。

讲纵向兼容的时候，米克女士用了知识产权律师们所熟知的专有软件许可来类比。在专有软件许可中，出站权利必须小于等于入站权利，这对律师们而言是不必多言的常识。

米克女士是如何从专有软件许可跨到开源许可上的呢？她首先强调了开源许可包括两个方面：一是权利授予，二是条件限制。对各种开源许可证而言，差异点并不在权利授予上（通常权利人会通过这些开源许可证把软件著作权、财产权及部分人身权向下游进行许可）。各开源许可证的关键差异点在于其条件限制各有不同。而条件限制的传递遵循的逻辑和原则与专有软件许可如出一辙。出站许可证的条件限制必须多于或等于入站许可证的条件限制。也就是说，出站许可证必须是条件限制最多的那个许可证。原来纵向兼容中的“纵向”，就是其字面含义上“自上而下”的意思。

讲横向兼容的时候，米克女士使用了人们的日常生活场景——多人聚餐或者宴请宾客。横向兼容问题之所以存在的原因在于 GPL（或 AGPL）和 LGPL 对代码合并方式进行了限制。因此，横向兼容问题也仅在这些许可证中存在。若原程序包含了适用包括 GPL（或 AGPL）和 LGPL 等著佐权许可证在内的各种许可证的入站条款的代码，则基于该等著佐权许可证的代码不能基于其他任何许可证进行再分发。但如果原程序代码含有两个及以上的著佐权条件，便会存在著佐权条件互斥的情况，没有任何一个许可证能行得通。米克女士称这就像没有一道菜能满足所有人一样。GPL 就是那个不仅不会和其他人吃同样的饭菜而且也不能容忍其他饭菜出现在同一张餐桌上的食客。原来横向兼容中的“横向”，就是其字面含义上“左右”的意思。

3. “传染” 一词的解读

“传染”一词在开源领域的存在感实在太强，而且很容易让人闻之色变。我也曾被项目的开发者问到，GPL 的“传染”是技术层面上的传染吗？答案是否定的。但原因何在呢？米克女士在对这个词的解读上更是直击本质，入木三分。她用了刑法和民法的本质区别来分析这个问题。合同属于民事法律行为，合同一方的民事错误通常是其对相对方（通常是某个人或某个法人实体）的伤害，对应的惩罚是支付赔偿金或责令停止做某事（禁令）。而刑法寻求的则是针对罪犯对社会而非对个人的伤害进行惩罚。因此，法院可以采取监禁或其他行动限制个人自由等的救济措施。她提到，法院是否责令一方当事人实际履行合同（特定履行）是涉及普通法政治自由的一个基本前提。除特殊情况外，法院不能责令我们采取积极行为（即要求我们做什么）是政治自由的重要原则之一。

回归到“传染”的话题上。如果下游开发者修改了上游权利人基于GPL许可的软件，并将其自身的部分代码与该GPL软件进行合并，此时是否发生了“传染”呢？

开源许可在民事法律关系范畴之内发生“传染”的前提是，下游开发者违约时法院要判决特定履行（要求该开发者必须基于GPL将其自身代码开源）才能实现该许可证的“传染”。但开源许可场景并非法院判决特定履行这种特殊救济的极端情况，因此“传染”并不会在违背下游开发者本意的情况下发生。法院的救济措施是，不能判决下游开发者的自身源代码必须被“传染”（特定履行），只能判其赔钱。此处的所谓是否“传染”的开关在下游开发者手中，他有选择的自由。这有点像万圣节的“Trick or treat!”（不给糖就捣乱），在这个场景中是不是也可以翻译成不“传染”就罚钱呢？但这同时也意味着，罚钱就必然不会被“传染”了。回到问题——GPL的“传染”显然并不是技术层面上的“传染”。

在本书的翻译过程中得到了开放原子开源基金会领导、同事及人民邮电出版社多位领导的大力支持，十分感谢。本书的翻译过程虽几经疫情反复，难占天时，但天时不如地利，地利不如人和。人乃成事之本，当你下定决心去做一件事情时，全世界都会为你让路，这大抵也是人定胜天的意思吧。

是为序，期待共鸣。

2022年12月于北京

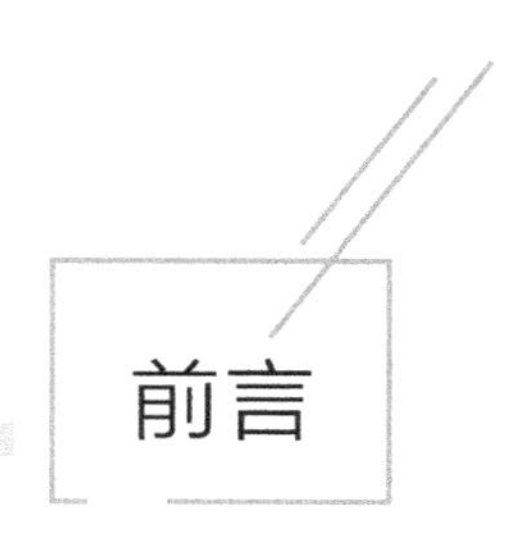

前言

如今，开源软件已无处不在。正如世人所言，“软件吞噬了世界，开源吞噬了软件”。开源这一当年软件许可的奇怪转折，现在已然成了软件领域的基石。当您拿起本书，您可能希望更多地了解开源软件许可是如何运作的，以及在业务中使用开源软件时如何以尽责的方式进行风险管理。您可能熟悉开源的“撒手锏”应用程序：Linux 内核、Apache Web 服务器、MySQL 数据库和 PHP 脚本——即所谓的“LAMP 堆栈”（LAMP Stack），以及诸如 Firefox Web 浏览器或安卓智能手机平台等流行的应用程序。开源软件许可有其自身的规则和习惯，并在当今世界占据着关键地位。它是电子商务的支柱，也是各地开发者的首选工具包。

本书是笔者二十余年来研究技术行业开源法律问题的工作成果，旨在为希望了解开源软件许可相关法律问题的律师、工程师及商务人士提供实务指南。但本书并不仅是帮助律师提升法律知识水平的专著，还希望能帮助其他人理解他们律师的观点。如科技法律师所知，技术总是先行，而立法和司法则紧随其后，尽力将新模式、新性能的规则规范化。但对于开源许可而言，既定法律与最佳实践之间相去甚远，其原因在于，开源许可模式的第一批推动者，如理查德·斯托曼（Richard Stallman）是技术专家而非律师，他们等不及法律文化迎头赶上而不得不自创规则。所以，阅读相关法规和案例可以帮助人们理解开源许可证，但要了解如何针对开源软件使用问题做出实际的商业决策，则需要了解大量判例法报告中没有提及的内容。

当我们来到 21 世纪 20 年代初，已经可以看到开源软件许可方在维权上所做的努力，也可以看到开源发展已经取得的巨大商业成功。今天，技术界一致认为，开源将持续存在，如果想负责任地将开源许可模式用于盈利业务，就必须管理现实的法律风险，任何希望了解技术许可进而成功构建技术业务的人都必须了解开源许可的规则。软件已不再是生长在专有许可的花园围墙里的花朵，开源软件作为从花园缝隙中生长出来的植物，如今已顽强地蔓延开来。

背景：UNIX、Linux 和软件许可

引入开源软件许可制度是软件许可领域自创立以来最重要的发展。虽然软件许可自身诞生的时间并不长，但开源许可存在的时间却比大多数人意识到的都要长。事实上，软件许可的最初模式就是开源许可，专有许可才是后来者。要了解开源许可和专有许可这两种模式是如何共同发展的，我们需要先了解一些与计算机技术相关的历史。

从前，有一个叫作 UNIX 的操作系统

当大多数人谈及“开源”时，“开源”指的是一套软件许可证。这些许可证为所有想使用该软件的人设置了如何使用的条款。从这个意义上而言，开源是一种许可模式。但同时（也许更为重要的是），开源也是一种软件开发模式。这种区别之所以重要，是因为许可模式和开发模式的相关风险截然不同。

开源的“撒手锏”应用是 Linux 操作系统。学习 Linux 操作系统的开发原因及开发方式，是了解我们目前所知的“开源”许可模式是如何发展起来的以及开源许可模式与专有许可模式有何不同的最佳方法。

如今，大多数从事技术工作的人都成长于 Windows 时代，所以对另一个在计算机领域起关键作用的操作系统——UNIX 并不太了解。而 UNIX 正是“自由

软件”模式出现的原因。

在计算机技术发展的早期，UNIX 是占据主导地位的操作系统。它是由美国电报电话公司（AT&T）的贝尔实验室开发的。当时，AT&T 是一家龙头企业，但由于一起反垄断案件，该企业受美国司法部同意令的限制而被禁止从事电话服务领域以外的商业活动。[1] 因此，AT&T 最优秀、最聪明的工程师们通过一个名为贝尔实验室的非营利实体从事计算机科学开发工作。

肯·汤普森（Ken Thompson）和丹尼斯·里奇（Dennis Ritchie）是贝尔实验室的科学家，学习过计算机编程的人应该对他们都耳熟能详。他们是第一个通用操作系统 UNIX 的创造者。在编写 UNIX 的过程中，他们发明了一种被称作 C 语言的编程语言。C 语言是一种灵活且强大的编程语言，用现在的说法是“低级”语言，意思是一种能让程序员对软件与硬件交互方式进行高度控制的语言。C 语言经历了许多扩展和改进（最著名的是 C 语言面向对象的适配——C++ 语言），如今仍被广泛使用。

然而，上述同意令禁止 AT&T 将 UNIX 作为商业产品进行开发。因此，贝尔实验室采取了一项推动技术领域发展的非常规举措，基于允许修改和再分发的（许可）条款以源代码形式发布了 UNIX。正如人们所说，若您爱它（某事物），就给它自由——二十世纪七八十年代的计算机科学家们都爱 UNIX。

后来，该同意令被解除，AT&T 开始基于只允许以目标代码形式进行再分发的许可条款为 UNIX 提供限制许可证，这导致 UNIX“分叉”为许多不兼容的版本。以前那些喜欢共享修改的人突然就无法共享了，例如，根据 IBM 风格编写的 UNIX 程序在太阳公司的 UNIX 系统上不一定能运行。

自由软件运动则是对 UNIX“分叉”（本身是因其转向专有许可而发生的）的直接回应。计算机程序员最痛恨的莫过于（尤其是在像操作系统这样的底层

---

1 “Modification of Final Judgment”, August 24, 1982, filed in case 82-0192, United States of America v. Western Electric Company, Incorporated, and American Telephone and Telegraph Company, U.S. District Court for the District of Columbia.

技术堆栈上）缺乏互操作性，部分程序员开始着手预防此类情况重演。

要知道，在当时，“专有”许可并不像现在这么普遍存在。20世纪80年代，我在用当时被称作微型计算机的产品工作，这些微型计算机有PDP[1]、Wang VS/80[2]和Quantel Paintbox[3]。我像当时的大多数应用程序员一样编写自定义的业务应用程序。还记得有一天我走进一家软件公司商店，看到从货架上就可以买到会计软件后，我感到难以置信（一位销售员不得不劝说我并向我保证，如果我为我的个人苹果计算机购买一个程序，这个程序就真的可以在我的计算机上运行）。那时，我做程序员已经很多年了，标准化软件的概念对我而言是陌生的。软件只有两种获取方式：要么加载在您从供应商那里买来的计算机上，要么由系统集成商或OEM的自定义软件开发商编写。而软件总是以源代码形式交付的。原因何在呢？在微型计算机（或IBM PC）出现之前，根本没有足够的标准化规程来支持或要求只有二进制的软件分发模式。公司几乎总是从同一个供应商打包购买其硬件和软件。做技术支持的人需要使用源代码，而技术支持是针对机器、操作系统和环境的（事实上，1985年前后，我遇到了我的第一个技术支持代表，还被这个概念逗乐了，因为在那之前，作为一个程序员，我才是做技术支持的那个人）。那么，为什么会有人把源代码和目标代码分开呢？在我工作的那个时代，这么做并不明智。但彼时我即将见证一场巨变，整个计算机世界即将转型。几年后，微型计算机已司空见惯，而二进制软件则成了标准。这就像是所有的定制裁缝店一夜之间都关张了，取而代之的是一排排的成衣店。而如果您需要改动，您就必须违反一个许可。

1 DEC公司成立于1957年，1960年推出了它们的PDP系列的第一款机型PDP-1，这是世界上第一款商用小型计算机。

2 Wang VS/80于二十世纪七八十年代上市，该计算机的主机内存为512KB，配有4台80MB磁盘机，可扩展为320MB。

3 Quantel Paintbox于1981年上市，是最早商品化的能够在电视信号中进行计算机绘图的视频后期处理工具，也是最早商业化的计算机画笔软件。

Linux："撒手锏"应用

如果不是因为Linux，开源软件（尤其是著佐权软件许可）可能仍然是个法律奇闻。著佐权（CopyLeft）是一种复杂的许可模式，如果不是因为Linux惊人的普及率，IT行业可能永远都不会投入精力把它弄清楚，适应它就更无从谈起了。但如果您对Linux了解不多，您也并非个例；虽然大多数人经常使用Linux，但他们可能并没有意识到自己正在使用它。因为Linux是作为计算机科学家的操作系统问世的，从未有过流畅的用户界面，因此很多系统都将Linux作为操作系统的核心，并在其之上使用像安卓、Firefox，甚至MAC等层接口。但是，若您不了解Linux，就需要知道：要了解开源许可，就必须了解Linux为什么这么受欢迎且如此重要。

20世纪80年代之前，计算机大多由政府、教育机构、银行和企业这样的大型机构使用。第一代微型计算机（Apple II、TRS-80，当然还有DOS个人计算机）在短短几年时间内改变了这一切。这些机器运行在更新颖、更廉价的处理器上。操作系统是处理器所特有的，而UNIX很难适用于这些平台。因此，20世纪80年代末，UNIX的普及率逐渐下降。

UNIX有一个标准规范——一组定义了与UNIX平台兼容性的系统例程，该标准现在被称作POSIX。于是，很多人开始寻求"圣杯"——一种与POSIX兼容但又不受AT&T许可证限制的操作系统。其中一位荷兰的计算机科学教授发起了一个名为MINIX的学术项目；另一位名叫林纳斯·托瓦兹（Linus Torvalds）的赫尔辛基少年，于1991年发布了Linux的第一个版本，自此改变了世界。

与此同时，麻省理工学院人工智能实验室的计算机科学家理查德·斯托曼发起了GNU项目（GNU是"GNU's not UNIX"的首字母缩写）。GNU项目试图创建一个UNIX操作系统的免费替代品。一个完整的操作系统需要多种元素，其核心即运行计算机、管理内存、运行程序并与外围设备和其他硬件进行通信的所谓内核。一个完整的操作系统还需要编译器、调试器、文本编辑器、管理工具和用户界面等开发工具。托瓦兹同意免费提供其软件，由托瓦兹编写的原始版本改进和适配而成的 Linux 内核成为该 GNU 操作系统的核心。该操作系统现在通常被称作 Linux（GNU 项目的工作人员提醒我们，更恰当的说法应该是 GNU/Linux 系统，但这类“品牌”问题是开源许可的通病，参见第 15 章）。

但同时，斯托曼也在研究可以防止将他当时正在试图开发的新的自由操作系统私有化的许可模式。他把这种模式称为“自由软件”，其规则体现在 GNU 通用公共许可证（General Public License，GPL）中。该许可证在不得对源代码进行保密的条件下，授予人们可以不受约束地再分发软件的权利。这是著佐权的前提——利用版权法[1]强制分享受版权保护的软件作品。

正如自由软件精神一样，Linux 内核自开发之初就迅速发展、变化、改进。如今，Linux 内核已有了成千上万的贡献者、一个维护它的非营利组织、数百万采用者和数十亿用户。而且 Linux 内核依然可以自由地更改、再分发和改进。实际上，开源许可模式促使整个行业进行合作，结果产生了一个由最多的 IT 玩家以及数百名志愿者维护的强大的可扩展系统。

但对于我们进入开源软件许可之旅来说更为重要的是，业界要使用 Linux，就必须使用 Linux 的许可条款。因此，斯托曼开创的著佐权范式吸引力渐增。

大约在 1996 年，GPL 在技术领域开始取得重大进展。我于 1995 年开始从事法律工作，之后不久，我的客户就开始咨询与开源许可证相关的问题。当时大多数知识产权律师在遇到“我是否应该基于这个叫作 GPL 的许可证使用这款软件”这样的问题时，都会感到困惑和恐惧。容易给出的答案是“不可以”——“不可以”一贯是个容易给出的答案。

1 译者注：“copyright law”在中国的法律背景下可译作“著作权法”或“版权法”。本书的上下文背景多为美国法律或无特定法域，为统一起见，本书将“copyright law”统一译作“版权法”，并将“copyright”统一译作“版权”。

但有些和我一样的律师意识到，我们需要给出一个更优解。这就相当于客户问："我在地上发现了这枚硬币，我能用吗？"有些律师还在说："不行，您不知道这枚硬币的来源。"但我们有些人就会想："这可是 25 美分啊，让我再考虑一下。"于是我开始尝试了解如何以一种符合私有业务目标的方式使用开源软件。

但这也无济于事，因为早期的自由软件运动宣扬的言论是明确反商业的。他们的任务是摧毁专有软件，而我的大部分客户都是专有软件企业。但运动中的其他人关注的是结果而不是理论，而且我的有些客户是 Linux 的早期支持者。所以我和我的客户开始一起踏上了一条试图了解我们是否真的可以在不破坏任何模式的情况下在私有业务中使用自由软件的崭新道路。

然而，要做到这一点，我们必须学习很多与这种新许可模式有关的知识。此事不易。针对 GPL 提供建议有点像跳进了知识产权的怪诞世界。我们的分析几乎没有任何法律依据，对于在数十亿美元的医疗事故诉讼中执业的律师们而言，跳出来孤立无援地寻求答案并没有什么特别的回报。但在我们周围，开源软件的使用正在蓬勃发展，那我们就必须跟上。如果您想有一个能给出安全答案的职业生涯，那么科技法可能并不适合您。

二十多年后，我学到了很多，而且现在也还在继续学习技术、法律，以及最为重要的许可如何推动创新。无论您认为开源许可是可怕的、迷人的抑或疯狂的，还是三者兼具，本书都希望能够帮助您在开源世界中遨游，从而促进创新、推动繁荣。

个人说明：很多人问我是否会将本书"开源"，他们的意思是希望我以"知识共享"这样的自由内容许可发布本书，也许有一天我会这么做，但不幸的是，开源方式对于学术作品而言是个挑战，一个作者最担心的并非重复使用会造成商业损失，而是别人会改变和歪曲该作品。另外，更不幸的是，有些人为了商业利益而大肆侵犯版权，而且这些人大多是不良分子，以"知识共享"发布会使我对这些人几乎没有追索权。但我写本书是为了教育和帮助他人。如果您想将本书用于教育目的、翻译成其他语言、将副本发送给朋友或同事，或者其他类似的合理目的，请与我联系，我会尽我所能满足您的需求。

致谢

在本书的编写过程中，很多人直接或间接地帮助了我。在此，我要特别感谢对我完成写作和编辑长期任务给予直接帮助的路易斯·维拉（Luis Villa）、阿尔玛·赵（Alma Chao）、萨比尔·易卜拉欣（Sabir Ibrahim）、马克西姆·特索林（Maxim Tsotsorin）、阿希特·加巴（Aahit Gaba）、戴维·波拉克（David Pollak）和戴维·马尔（David Marr）。我还要感谢和我一起踏上这段几无路标之旅的欧洲自由软件基金会法律网络（FSFE Legal Network）讨论列表的所有成员、蓝橡树委员会（Blue Oak Council），以及所有参与自由讨论和知识探究的开源法律界的伙伴们。携友共赴新征程永不失为上策（所有错误都应归咎于我，仅将本书优点归功于他人）。

与我联系

如果您正在阅读本书且需要聘请律师帮助您解决开源许可问题，请随时与我联系。我本人是一名执业律师，您可以通过 www.heathermeeker.com 很容易地找到我。我也欢迎大家对本书提出意见和建议。当然，本书中的任何内容都不应被视为我的律师事务所或任何客户的声明（本书仅表达我的个人观点），购买本书并不旨在与读者建立律师和客户的关系。最后，本书中的建议可能并不适用于您的实际情况。

目录

PART 3 进阶合规 第三部分

第一部分

PART 1

基础部分

第 1 章

自由软件和开源软件的哲学

大多数人将像 Linux 内核和 Apache 这样的 Web 服务器软件称为“开源”软件。但是，开源运动的先驱们却刻意回避“**开源（open source）**”一词——他们发起的是“自由软件”运动。刚接触这一话题的人们可能会因术语上的细微差异望而生畏，但这些术语差异却代表了这场运动的参与者们关键的哲学差异。该分歧直接影响如何达成合规项目、贡献和发布代码、进行风险评估及其他开源法律决策，因此理解该分歧对于如何在使用开源软件时做出明智的决定非常重要。想要了解关于这种哲学分歧有趣而翔实的解释，以及互联网繁荣时期一些关键技术玩家的精彩采访，我推荐 J.T.S・摩尔（J.T.S Moore）导演的纪录片 *Revolution OS*(《操作系统的革命》)。

自由软件运动的先驱者理查德・斯托曼将其哲学描述为促进技术和经济自由。如他所言:“系统有了软件版权之后，软件开发通常就和控制该软件使用的所有者的存在关联起来了。只要这种关联存在，我们就经常会面临专有软件和没有软件的选择。然而，该关联并非固有或必然的，而是我们质疑的特定社会 / 法律政策决策的结果: 存在所有者的决策。”（见 ***Why Software Should be Free***，理查德・斯托曼著）。斯托曼曾将**知识产权（intellectual property）**称作一个“宣传术语”，而且他总体上反对使用知识产权（见理查德・斯托曼的 ***Did You Say “Intellectual Property”? It's a Seductive Mirage***。大多数律师只是反对错误地使用这个词，这就留下了大量的反对理由）。

因此，著佐权是一种利用版权法之力（斯托曼认为这在道德上是不可取的）使他人放弃版权利益的制度。自由软件许可证以要求允许共享和修改可享有版权的作品为前提条件，向每个人授予广泛的版权许可。这与更宽泛的开源概念有很大的不同，后者不仅包括自由软件，还包括基于宽松条款许可的软件。

在开源运动早期，自由软件哲学的反商业言论仿佛阻碍了开源软件的商业使用，于是就有一些和事佬聚在一起来调和自由软件倡导者和行业之间的利益冲突。开源促进会（Open Source Initiative，OSI）便应运而生。

大多数首次接触开源软件的人往往会认为，著佐权要求人们免费赠送软件。因自由软件运动的言论往往是反商业和反资本的，故也可以这样理解。但这种先入之见并不完全正确，这种对自由软件许可的先入之见和现实之间存在显著的差异——现实允许存在像红帽（Red Hat）和 GitHub 这样成功的上市公司，当然更允许主要的消费电子制造商存在（因为大量电子产品使用了 Linux 和安卓系统）。

事实上，“自由软件”（free software）中的“free”一词指的是自由，而不是价格——它是自由的，但并不免费。正如自由软件基金会（Free Software Foundation，FSF）所言，“想想言论自由，而不是免费啤酒”。自由软件许可证并不禁止您销售软件副本来赚钱；事实上，那种非商业限制与开源许可是背道而驰的，也许与直觉相反，更多的是像微软和 Adobe 这样的专有供应商向消费者授予使用受限的低教育成本许可证。然而，将许可业务完全建立在自由软件的基础之上是不切实际的。科技行业之所以接受像 Linux 这样的自由软件，正是因为该行业不需要靠它来赚钱。因此，从商业角度来看，自由软件对于人人都用的基础设施软件而言是个很好的模式，而对于专门的应用程序而言则是个很差的模式。电子商务 LAMP 堆栈成为最流行的开源软件并非偶然，其使用者通过在网络上销售商品而非通过网络入口来赚钱。自由基础设施的存在，在没有知识产权主张阻挠的情况下会促进繁荣，而在完全缺乏知识产权主张的情况下也会严重阻碍其繁荣。秘诀在于找到公共物品和私人物品之间合适的平衡点，以推动创新——这并不奇怪，这就是过去 25 年间技术行业拥抱自由软件以来所发生的事情。

理查德·斯托曼是 GNU 项目和自由软件运动的发起人。斯托曼认为，驱动程序员的应该是追求提高自身声誉和在社区行善（doing good）的前景，而不是追求报酬或利润。当然，在这方面，他与大多数私营企业的程序员不同。如果说有一个人代表了斯托曼自由软件理论的对立面的话，这个人可能就是林纳斯·托瓦兹——尽管可能其他许多人声称自己才是这个角色。1996 年，在林纳斯·托瓦兹还是赫尔辛基大学学生的时候就写出了 Linux 内核的原始版本，从那时起，他就开始致力于（特别是对 Linux 内核的）技术创新。如今，托瓦兹仍然为 Linux 内核的发展方向提供指导，Linux 内核由 Linux 基金会在 www.kernel.org 上维护，并且可以公开获取。托瓦兹并不是自由软件意识形态的倡导者，而是自由获取软件的倡导者。托瓦兹偶尔会与斯托曼阵营的人发生争执，但其主要身份还是技术专家，而非政策倡导者。

事实上，与其说斯托曼和托瓦兹所代表的是对立的理想，不如说他们代表的是共生的理想。许可模式的成功离不开优质软件的驱动，而如果没有许可模式的支持，软件开发模式就不可能成功。

1.1 开源开发模式

当人们谈论开源时，他们指的是两种不同的事情：一种是许可模式，另一种是开发模式。本书大部分内容讨论的是开源软件许可证所体现的许可模式。

创造开源软件价值的实际上是开源开发模式。许可证并不创造开源软件的价值，许可证只是实现开发模式的工具。理解该模式的最佳方法是通过埃里克·雷蒙德（Eric Raymond）在其关于开源开发的开创性著作 *The Cathedral & The Bazaar*（《大教堂与集市》）中所做的著名类比（雷蒙德的文章的在线版本随着时间的推移已有所变化）：开发专有软件就像建造一座中世纪的大教堂，需要一个强大的组织（教会）构思一个项目、筹集资金并任命一位建筑大师，而这位大师又通过雇用工匠和建筑工人来执行该项目，该项目进度受制于赞助商的资金和建筑大师监督项目的能力；开源开发则像一个集市，任何人都可以尝试销售商品，买、卖的内容由市场决定，开发是合作进行的，资源并不稀缺，并没有一个人或一个组织完全控制该项目。如果市场需要，该项目就会改变方向，或者可能拆分成多个项目。

当自由软件运动开始听起来像极权主义的时候，很多人都被其花言巧语迷惑了：所有的软件都必须遵守GPL、不应该发生分叉等。这与雷蒙德对自由市场的设想大相径庭，在自由市场中，开发的实质是可以根据市场的奇思妙想而改变的。若这两个设想难以调和，请记住：即使是在最自由的市场中，也存在标准化的自然趋势。这意味着只有这么多的分叉（无论是许可条款还是软件代码）才是有用的。因此，即使是市场中的自由参与者，也会自愿将其行为标准化，否则就会在调试不兼容软件上浪费太多精力。因此，在自由至上的开源世界中，某些做法并不被鼓励（不是通过命令，而是通过共识）。

1.2　自由软件定义和开源定义

考虑到自由软件纯粹主义者（如斯托曼）和技术实用主义者（如托瓦兹）之间的哲学差异，自由软件和开源软件被其倡导者们以竞争方式定义也就不足为奇了。

自由软件的定义包含以下4项基本自由。

0　基于任何目的，按照您的意愿运行本程序的自由。

1　按照您的意愿研究本程序如何工作并为使其执行您的运算而进行更改的自由。

2　您为帮助他人而再分发副本的自由。

3　将您的修改版本副本分发给他人的自由。如此一来，您可以使整个社区都有机会从您的更改中受益（请注意，GNU 项目的 4 项自由确实是从 0 到 3 编号，第 1 项和第 3 项需要访问源代码）。

开源定义是由开源促进会（OSI）颁布的，同时涵盖了著佐权和宽松软件许可证：

① 自由再分发；

② 源代码【必须包括】；

③ 衍生作品【必须允许】；

④ 作者源代码的完整性；

⑤ 不能歧视任何个人或团体；

⑥ 不能歧视任何领域；

⑦ 许可证的分发；

⑧ 许可证不能只针对某个产品；

⑨ 许可证不能约束其他软件；

⑩ 许可证必须技术中立（Debian 社群契约指出，开源定义基于 Debian 定义）。

虽然开源的定义最常被提及，但若您是第一次了解这种许可模式，则自由软件的定义更易于理解。您必须先了解自由 0 项——即出于任何目的，按照您的意愿运行本程序的自由，这意味着没有限制。对科技法律师们而言，这意味着没有领域限制、没有地域限制、没有市场限制。正如我们后续讨论所说，这一基本要求往往正是开源许可与其他模式的区别。

开源促进会（OSI）在其网站上明确声明 GPL 符合该定义（要理解这个评论的动机和答案，请参见第 8 章中关于 GPL 合规性的深入探讨）。如果人们对 OSI 的这一声明感到惊讶，认为 OSI 本不该如此声明，那么他们预见到了因 GPL 企图控制添加到 GPL 所涵盖的创作作品（work of authorship）中的软件而与第 9 项不符的批评。虽然这两个定义肯定不同，但其区别几乎没有什么实际意义。OSI 不再对符合其定义的所有许可证进行认证，而 FSF 只发布其认为适合定义为自由软件的许可证。

OSI 曾是调和行业与自由软件的关键力量；如今，它很可能没有什么意义了——OSI 正是受其成功之害。OSI 是在围绕自由软件的口水战有可能使自由软件的使用边缘化之时发起的，旨在“在开源社区的不同支持者之间建立桥梁”。OSI 是负责将软件许可证认证为开源许可证的组织。OSI 还管理着 Open Source（尽管该词可能已成为通用词且不具有商标的法律效力）认证商标，自由软件倡导者布鲁斯・佩伦斯（Bruce Perens）试图注册该商标，但没有成功。关于商标为什么会成为通用商标的更多信息，请参见第 15 章。OSI 网站上公布了所有已认证的开源许可证。截至本书撰写之时，已认证的许可证超过了 100 个（译者注：截至 2022 年 6 月 15 日，OSI 网站公布了 115 个已认证的许可证，包括 14 个被替代的许可证和 5 个退役许可证），而且每年都会认证一些新的许可证。20 世纪 90 年代，OSI 几乎可以对所有符合开源定义的许可协议进行认证。然而，如今 OSI 因为想阻止“许可证泛滥”（关于“许可证泛滥”的更多信息，请参见第 3 章）和“无价值许可证”（尽管可能有人会说以前认证的许多许可证就是这样的：对主流许可证做了微小的改变后仅用于一两个项目）的产生，几乎不认证新的许可证了。

过去几年中，OSI 在一些问题上开始采取更积极的态度。例如，OSI 发文要求大学和标准制定组织（Standard Setting Organization，SSO）等基于开源许可证发布软件，并停止使用“**开源（open source）**”一词来描述其软件。2019 年，OSI 因经过长时间争论后未能对 MongoDB 提交的一个许可证——服务器端公共许可证（Server Side Public License，SSPL）是否符合该定义给出明确答案，从而拒绝对该许可证进行认证。

此后不久，OSI 指出，要想获得认证，许可证不仅要符合开源定义（Open Source Definition，OSD），还要“保证软件自由”。著名的自由软件倡导者理查德・丰塔纳（Richard Fontana）称：“我认为，在评估提议的许可证是否符合 OSD 并保证软件自由时，可以将许可证提交者的商业模式作为一个重要的考量因素。”

关于这些问题的某些争议是由几十年来一直没有变化的开源定义的模糊性造成的。然而，迄今为止，官方并未尝试对该定义或该定义在这些问题的适用上进行更新或澄清。增加“保证软件自由”的要求，给认证过程引入了很大的自由裁量权。这种自由裁量权因素可能在 SSPL 争议之前就已经实际存在，但却因该争议而公之于众。

1.3 这不是病毒[1]

开源倡导者在术语学方面可能很迂腐，而且非常令人遗憾的是，关于恰当用词的口水战在开源界很常见。但是，因为“**病毒（viral）**”一词歪曲和限制了对开源许可原则的理解，因此早该将这个词从与开源许可有关的讨论中根除。这个词的使用主要归咎于律师。当技术行业的人（特别是律师们）想描述著佐权许可证时经常会使用“**病毒**”这个词，不幸的是，这个词不仅具有煽动性，而且也不准确。对于律师们而言，具有煽动性是这个游戏的一部分，但不准确则是最大的罪过。

可供选择的合适术语有许多，如自由软件、著佐权、互惠、遗传（hereditary）。但最优选择是著佐权，我写的第一本关于开源许可的书 ***The Open Source Alternative*** 试图将不同种类的许可证术语标准化。令我懊恼的是，“遗传”这个词从来没有流行过，所以我现在把 GPL 这样的许可证称为著佐权。著佐权许可证是指作为分发（或提供）软件二进制文件（binaries）的条件，分发者必须按照相同的许可条款提供对应源代码；或者，在 Affero 通用公共许可证（Affero General Public License，AGPL）的情况下，存在诸如通过网络提供对应源代码的更低阈值的情况。著佐权许可证“坚持”软件的版权；无

1 This section is adapted from “Open Source and the Eradication of Viruses”, by Heather Meeker, March 19, 2013.

论下游分发多少次，许可条款始终保持不变。对律师而言，这就像一块不动产上的地役权（如私人土地上的公共步行道）——无论该财产被卖出多少次，它都是与所有权一起流转的一种产权负担。著佐权许可证包括 GPL、宽松通用公共许可证（Lesser General Public License，LGPL）、AGPL、Mozilla 公共许可证（Mozilla Public License，MPL）、Eclipse 公共许可证（Eclipse Public License, EPL）以及少量其他许可证。但是用“**病毒**”这个词来描述这个概念是有误导性的，且会引起不必要的恐慌。在我为客户提供该领域法律咨询的这些年里，我认为对著佐权许可证最重要的一个误解应归咎于使用了“**病毒**”这个词。

将 GPL 代码与其他代码在单个可执行程序中进行组合（combine），这通常被称作创建**衍生作品**（derivative work）。这是因为，GPL 规定，如果一个给定的程序中有任何 GPL 代码，那么该程序中的所有代码都必须基于 GPL 提供，否则便违反了 GPL。企业（负责人脑海中充斥着**病毒**的幻觉）担心如果把 GPL 和专有代码组合到一个程序中，GPL 许可条款就会“传染”专有代码，专有代码就会基于 GPL 自动重新获得许可。拥有专有代码的企业就会担心被法律强制要求提供自己专有代码的源代码，这对软件公司而言相当于把藏在床底下的那只可怕的大怪兽放了出来。但这根本就不是著佐权的工作方式。

事实上，如果一家公司以违反 GPL 的方式将 GPL 代码和专有代码结合起来，其结果将是仅违反了 GPL（仅此而已）。这在法律上意味着，GPL 代码的作者可能因这家公司违反 GPL 而获得赔偿，而且，如果 GPL 代码的许可因此被终止，该 GPL 代码的作者会因为这家公司未经许可使用 GPL 代码的行为而获得赔偿。这两种情况本质上都属于版权侵权之诉。而版权侵权主张的法律救济措施是损害赔偿（赔偿金）和停止使用 GPL 代码的禁令（详情请参阅第 5 章）。

实际上，并不存在 GPL 代码传染专有代码和改变其许可条款的法律机制。要使软件基于特定条款进行许可，作者必须采取一些行动合理引导被许可人得出许可人选择基于这些条款提供代码的结论。相反，在违反 GPL 的情况下，将专有代码和 GPL 代码组合在单一程序中会导致许可证不兼容（意味着两套条款发生冲突而不能同时得以满足）。对于这种许可证不兼容的更好的类比是软件漏洞而非软件病毒。想一想电视剧 *Lost in Space*（《迷失太空》）中的机器人挥舞着手臂说“这无法运算！”，您就会明白了。

1.4 “开放”的哲学

不管您是否认同自由软件的哲学，它至少是经过深思熟虑且基本一致的。过去的几十年里，利用开源软件的成功，“**开放**”发展出了更广的概念。这些近期的更宽泛的概念不像老派的自由软件思想那么死板，“开放”也成为科技新闻界使用频率较高的流行语之一。然而，了解开放的概念如何改变技术行业的商业实践尤为重要。

“**开放**”并没有一个统一的定义，很多事物都声称自己是开放的。但总体来说，开放模式力求让外部各方参与进来而非将其排除在外。开放模式的特点还在于其透明性及注重基于价值（merit）而非地位的参与。知识产权许可（无论是自由的还是免费的）只是该模式的一部分。

为了让大家明白这一点，请思考一下苹果 iOS 移动平台的革命性本质，别忘了它发布于 2007 年（并不是那么久以前）。该平台被称为“开放平台”——但它不是开源软件，其开放性在于任何人都可以使用一套免费的开发工具为该平台进行开发。开源倡导者会很快指出这不是一个真正开放的技术环境。开发者必须签署一份开发者协议，约定只能通过 App Store 销售并遵循许多平台规则。但苹果的这一举动，在当时却具有世人难以预见的戏剧性、革命性、开放性。

2008 年，安卓平台问世。安卓平台扩大了开放的概念：该平台基于开源软件提供给许多制造商，且允许多个应用商店竞争。与此同时，Linux 计算机操作系统已经发展了很长一段时间。多年来，Linux 没能在服务器市场和嵌入式系统市场之外有所发展；它显然没有出现在台式机上。Linux 最接近真正的开放平台，但它的开放性意味着它对商业活动而言是一个没有吸引力的平台。红帽公司于 1999 年上市，从那时起，Linux 发行版的市场就趋于饱和。由于其基于服务和支持的商业模式存在的固有困难，市场上没有众多玩家生存的空间。然而，红帽公司仍然是一家蓬勃发展的企业，电子商务领域几乎完全依赖红帽公司。

21 世纪头十年，倡议行业团体联合起来支持开放基础设施的计划已非常流行。云原生计算基金会（Cloud Native Computing Foundation，CNCF）是一个管理 Kubernetes 项目的开源组织，这一项目在成立之初就已声名大噪。该项目虽由谷歌发起，但目前由 Linux 基金会维护。近年来，Linux 基金会已经成为许多开源项目的共同平台，该基金会得到了思科、谷歌、威睿（VMWare）、甲骨文和苹果等一众技术厂家的支持。

即使是在 15 年前，如此众多的科技公司会如此迅速地就一个开源项目心甘情愿地进行合作的想法也是难以想象的。如果说开放和封闭之间果真存在过一场意识形态之争，那么**开放**已经胜出。但对这种意识形态所言，开放（open）的理念总会持续变化和扩展，而且它无疑将会因有助于塑造商业未来而继续带来惊喜。

第 2 章

计算机软件概论

本章内容主要面向非计算机工程师以及想学习一些有助于理解开源许可证概念的读者。

2.1 什么是开源之“源”？

如今，（至少据媒体报道）所有事物都是开源的——如教科书、瑜伽、镇静剂、植物种子、数据库和昆虫农场工具包。虽然这些事物可能都是“开放”的，但却并没有真正的源代码。人们要了解开源许可的重要性，就必须首先了解什么是源代码。

如今，大多数用户都在使用 iOS 或安卓系统的移动设备或者 Windows 操作系统的 PC 或笔记本计算机。当您在您的设备或计算机上运行一个程序或 App 时，组成该程序的电子文档被称作**可执行文件（executable file）**。可执行文件是一个与您的计算机中的其他文件一样但可被您的计算机执行的文件。在 Windows 操作系统上，该类可执行文件的扩展名为 **.exe**，表示**可执行（executable）**，虽然您在移动平台上根本看不到文件名，但每个 App 都是一个可执行文件。

计算机通过将复杂的操作分解成中央处理器（Central Processing Unit，CPU）或图形处理单元（Graphics Processing Unit，GPU）每秒可执行的数十亿次的小步骤来执行操作，这些操作包括将 1 ~ 4Bytes 数据从内存中的某个位置移动到另一个位置、进行简单运算及（要么是默认的，要么基于测试）选择下一个执行步骤。每个操作都十分简单，但通过执行许许多多的操作，计算机可以以人类能够感知的方式工作，如在显示器上显示一条信息。计算机能理解的指令简单到人类难以理解和组织，所以计算机科学家开发了更易于人类处理的编写计算机程序的语言。这些语言就是我们所称的编程语言。编程语言中的每个语句都可以转化为许多计算机指令。

人们通过编写**源代码（source code）**来表达程序。计算机通过被称作**编译（compilation）**和**解释（interpretation）**的过程将源代码转换成可执行的内容。例如，大多数 C 语言程序都被编译成 CPU 可直接执行的二进制代码。用 Java 和微软的 C# 编写的程序被转换成被称作**字节码（byte code）**的中间二进制表示形式，随后被**虚拟机（virtual machine）**的计算机程序转换为可执行的二进制代码。

许多编程语言（如 C 和 Java）有源代码和可执行形式。源代码是不可执行的，这意味着计算机无法运行源代码。可执行形式不是人类可读的——它基本上是一堆“1”和“0”，有时被称作**对象形式（object form）**。

源代码是程序员用来编写软件的语言。源代码或多或少看起来有点像一种自然语言（相对于计算机语言而言，自然语言是人类使用的语言，英语就是个例子）。

源代码的例子如下：

```
#include <stdio.h>
int main(void)
{
     int x;
     x=1;
     if (x==1)
     {printf ("I am the One. \n")};
     return 0;
}
```

虽然对非程序员而言，这种语言看起来可能很陌生，但人们对源代码中的某些部分应该是熟悉的。计算机语言有像 include 或 print 这样的动词、像 x 这样的名词和像 int（代表整数）这样的形容词。一旦程序员把他想用的代码写完，便将文件保存为文本。他随后运行一个被称作**编译器**（compiler）的程序，该编译器处理该源代码文本文件并将源代码转换为目标代码。一旦该代码被转换为目标代码形式，就无法在不返回源代码的情况下进行修改。虽然理论上代码可以被“反编译”，但这个过程并不可靠，而且无论如何，反编译后的代码都不包含让源代码更具可读性的注释。事实上，反编译的真相很复杂：有些语言（如 Java）可以可靠地反编译，而其他语言（如 C 语言）则不然；而且反编译器也变得愈发精确和复杂。

当计算机的运行速度较慢时，将程序从源代码转换为可执行格式的时间是无法被忽略的，并可能干扰人们对该程序的使用。在过去的 30 年里（从我开始编程以来），CPU 已经快了很多。随着处理速度的提高，越来越多的操作从主程序移到了库中。例如，在 Apple II 的时代，每个想写代码的开发者都必须在屏幕上移动图像；如今，出现了许多用一行源代码即可在浏览器中处理图像动画的方法。

由于这些进步，代码越来越多地以源代码的形式被分发。例如，当您的浏览器加载 HTML 和 JavaScript 时，浏览器便将 HTML 和 JavaScript 代码转换为显示网页、验证输入，并对页面内容进行动画处理的可执行代码。典型网页包含的代码比 30 年前计算机的全部可用内存所能容纳的代码都要多。

为了减少通过互联网传输代码的时间，程序员把代码压缩得更小。虽然这种压缩代码看起来与源代码不同，但从技术上讲，压缩代码可能并非一种中间形式。因此，在浏览器中执行的 JavaScript 代码（详见下文）经常被修改为删除所有空白的形式。在编程中，像空格和制表符这样的空白通常是非功能性的。这些空白仅为提高代码的可读性，因此将其删除并不影响源代码的功能，只是看起来更加密集。因此，前文的例子可以改写为：

```
#include <stdio.h>
int main(void){int x;x=1;if(x==1){printf("I
am the One.\n")};return 0;}
```

除删除了大部分空格外，这段代码与上面的示例相同。对于像 JavaScript 这样的脚本语言，删除空格可以减少源代码中的字符数，从而可以在其运行时将代码快速下载到用户浏览器中。对于那些试图编写必须通过小型管道（如您的移动设备）传送的复杂 Web 应用的程序员来说，每一丁点速度的提升都会有所帮助。

2.2　构建、链接和打包

现实中，大多数代码都要比上面的示例复杂得多。在现实的编程世界中，我们的小例子用处很小。但是，如果将小段代码恰当地拼接起来，却可能会非常有用。例如，将数字求和或求平方根的代码是必不可少的。现实的程序可能需要反复使用这段代码，而程序员却只想写一次，这便为构建和打包提供了用武之地。

当然，现在很少有程序员热衷于编写一个求平方根的例程，因为别人已经为他们写好了这些例程。因此，在现实世界中，有一些构建程序的技术可以让程序员重复使用现有例程。已经过测试的平方根例程用起来比新写的例程更可靠。这些现有的代码例程通常被称作**库（libraries）**。库类似于合同中的定义。正如律师会引用一个已定义的术语而非在每个引用位置上重现整个定义一样，程序员会使用库例程来执行明确定义的常见操作。

当程序员构建一个程序时，他首先以源代码的形式编写代码，并将其编译为目标代码的形式。然后，使用一个被称作**链接器（linker）**的程序，将其对象与库程序的对象链接起来。如果他这么做，就不需要库的源代码了。一个完善的库对程序员而言通常是个**黑盒子（black box）**，这意味着程序员并不需要知道这个盒子里有什么，而只需要知道进去的是什么和出来的是什么（把它拼接为一体所需要的信息）。这些信息被称作**接口定义（interface definition）**，有时也被称作应用程序接口（Application Program Interface，API）。人们用 API 这个术语来表示很多事物，但恕我直言，这种用法不能表达其最准确的含义。不幸的是，虽然用 API 来表示代码库并不准确，但却非常普遍。

一旦这些对象都被拼接在一起，就将其称作一个可执行程序。**可执行程序（executable program）**拥有其运行所需的所有资源。

现在我们假设程序员在库例程中发现了一个漏洞，或可能只是一个不适用于他编写的代码的用例。例如，假设库使用的是儒略历（美国使用的日历）日期，但程序员想使用农历日期。该库例程将无法满足程序员的要求，所以程序员需要访问源代码来对其进行改进。这是因为，编译是一条单行道——不可能更改已编译的代码。如果程序员想要更改代码，他必须返回源代码进行更改，重新编译代码并重新链接（relink）程序。

对于阅读本书的律师们而言，可以类比成红线程序。红线程序以**批处理模式（batch code）**运行——一旦用户启动该程序，该程序就会在没有用户交互的情况下运行。如果您想更改红线，则必须返回原始文件进行更改，然后重新运行红线程序。编译源代码的工作机制也是如此，这就是访问源代码何以如此重要的原因。

没有源代码，您就无法修复漏洞；没有源代码，您就无法进行更改或改进。您基于目标代码所能做的仅是将其构建为一个更大的程序，而基于可执行文件您所能做的仅是运行它们。

2.3 JavaScript

JavaScript 对现代 Web 开发至关重要，但却由于若干原因引起了很多非程序员的混淆。首先，JavaScript 不是 Java，Java 是在 Web 部署中非常流行的一种编程语言（一种编译语言）。其次，JavaScript 是在网络浏览器中（以没有编译过的形式）运行程序的一种脚本语言。想象一下，您从一个电商卖家那里订购了一双鞋，并填写了送货地址。那些检查您的输入、强制您完成必填字段以及以其他方式指示您与 Web 页面进行交互的代码可能就是 JavaScript 代码。

了解 JavaScript 的重要一点是：和 HTML 一样，JavaScript 以源代码的形式传递到用户浏览器，并在用户的计算机中本地执行。这一特性致使开源许可产生了很大的分歧。

2.4　PERL、Python、PHP 和其他脚本语言

其他常用的脚本语言还有 PERL、Python 和 PHP 等。**脚本语言（scripting language）**是一种高级语言，用少量代码即可完成大量工作。与 JavaScript 一样，这些脚本语言以源代码的形式执行，但它们通常在“后端”执行，而非在用户浏览器中执行。脚本语言通常在**解释器（interpreter）**、虚拟机或语言引擎上运行。要运行该脚本，您需要在用户系统中安装解释器。解释器知道如何处理该脚本。

2.5　运算层级

现代计算机的处理过程发生于多个层级。过去几十年里，运算在这方面发生了巨大的变化。曾经，程序员写的程序是只能在单一处理器上运行的单一程序。在那个年代，每一项功能都会占用计算机处理器宝贵的性能。如今，处理器的性能更强大，可以同时处理许多程序，所以运算变得更加模块化。

如今的计算机系统架构通常如图 2.1 所示。

操作系统是计算机的“交警”。它告诉 CPU 要运行哪些程序、跟踪哪些正在运行的程序、为这些程序分配优先级，并在该程序和现实世界（如键盘、显示器和打印机）之间进行协调。

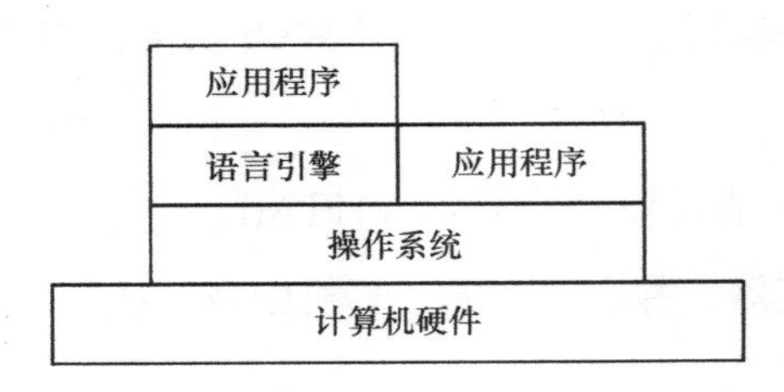

图 2.1 计算机系统架构

开源软件许可的某些方面取决于这些要素之间如何交互。我们用图 2.2 来做一个更小粒度的观察。这些元素相互之间的通信方式很重要，例如，您可以看到，只有操作系统与硬件进行“对话”。这是一种常见的方法，因为通信方式（硬件通信的路径）可能因物理设备而异。因此，操作系统必须设计成在特定的硬件平台上工作。然而，我们假设应用程序 2 的开发者并不想为每台计算机编写不同版本的应用程序。相反，他希望编写尽可能少的版本，同时仍能触达大量计算机用户。他通过一个叫作**抽象（abstraction）**的概念来实现该目标，这一概念是现代运算的核心。如果操作系统（如 Windows、Linux 或 iOS）的设计者提供了一个使用该系统的规范或 API，则开发者只需为该平台编写一次程序。为了做到这一点，操作系统提供商使用一套标准的系统调用——或者说是该操作系统的 API。例如，这一套 API 可能包括在显示屏上显示图形、向打印机发送文件或从键盘获取输入的 API。如果程序员遵循该 API 的语法和规则，则其程序将在任何使用该 API 的操作系统上运行。

这种创建抽象层的方法不仅促进了标准化，还提高了安全性。应用程序的程序员以前可以做的事情——如覆盖其他程序使用的内存，或者向显示器发送指令以绘制并不适用的图形，现在就不能再做了。限制程序员操作的范围和权限有时被称作**封装（encapsulation）**。封装定义了程序与特定操作系统兼容的含义，并在不引起技术问题的情况下对该程序可做的事情设置了限制。

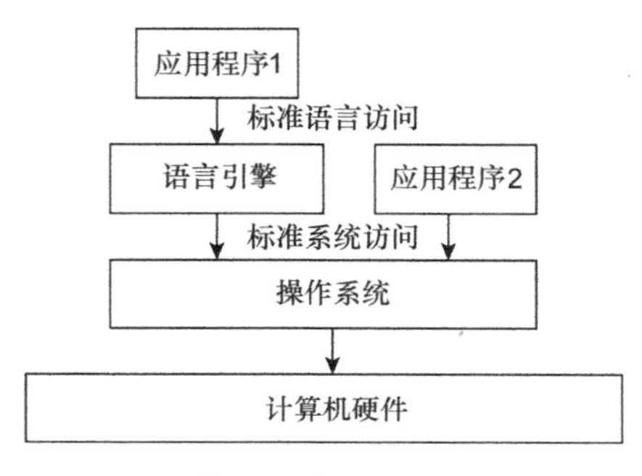

图 2.2　计算机系统各要素之间的交互

要知道，这些层级从根本上说是任意的——操作系统提供商可以设置或改变这些层级。但除非这些层级被所有人使用，否则标准化就会失败。所以事实上，像操作系统这样的标准运算平台的 API 变化很慢。例如，Linux API 源自 20 世纪 70 年代贝尔实验室开发的 UNIX API，安卓运行在 Linux 上，而 iOS 运行在另一种叫作伯克利软件发行版（Berkeley Software Distribution，BSD）的 UNIX 衍生品上——但 Linux、安卓和 iOS 的开发者可用的 API 实质上是相似的，且由几十年前的共同根源演变而来。

您可能注意到，图 2.2 包含了一个在语言引擎上层而非直接在操作系统上运行的应用程序。这个进一步的抽象层具有以下意义，如果该语言引擎的 API 在诸多的操作系统中是一致的，则这种一致性提供了更多标准化的可能。例如，Java 的口号是“一次编写，随处运行”。Java 是一种非常流行的编程语言，因为 Java 存在于大多数 PC 和笔记本计算机中，并运行着许多基于网络的程序，因此您可能在不知不觉中已经使用了 Java。当我们涉及遵守 GPL 等著佐权许可证的细节时，这些概念至关重要。要理解现代运算，人们需要从水平层级的角度来思考。每一层级都有自己的抽象方法。事实上，如图 2.3 所示，有时还需要考虑一个额外的层级。虚拟层使得用户能够在某一操作系统的计算机上运行为其他操作系统编写的程序。事实上，因为一台计算机上有多个操作系统，

图 2.3 可能会变得很复杂。但需要理解的是，抽象使得非常复杂且标准化的运算具有现实可能性。

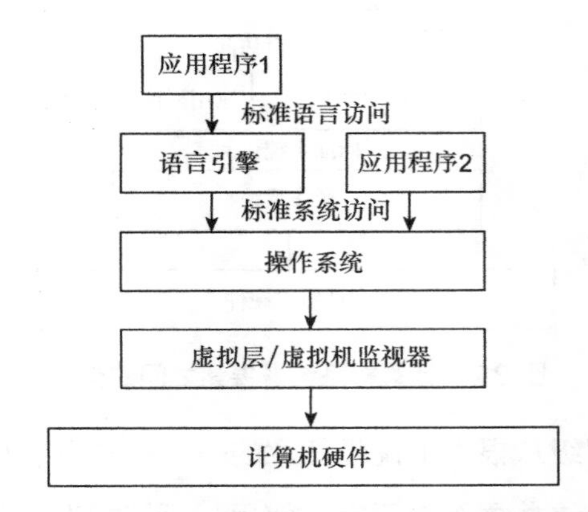

图 2.3　包含虚拟层的计算机系统各要素之间的交互

2.6　什么是操作系统?

当我们处理开源软件时，Linux 系统应归为图 2.3 中的操作系统层级。如前所述，操作系统就像计算机的“交警”——在如今大多数通用计算机的多任务系统中，操作系统要兼顾多个程序的运行和硬件资源的分配，确保每个程序都有自己的内存、启动和终止程序，并在最后的停止处通过接续处理线程进行任务交互。操作系统还与计算机硬件（如键盘、显示器、打印机和调制解调器等）进行交互。

当计算机处于开启状态时，操作系统中执行所有这一切的部分便在持续运行，为了将这一部分与操作系统发行版的其他元素区分开来，在 Linux 系统中，这部分被称作**操作系统内核（operating system kernel）**。要想在计算机上使用操作系统内核，您还需要以下其他程序：**引导程序（bootstrap）**（开启计算机时，启动操作系统内核的低级程序）、编译器和链接器（从源代码开始为该特定的操作系统创建可执行文件）以及用户界面。随着时间的推移，Linux 发行版的数量已经缩减了。如今，最重要的 Linux 发行版是 Fedora(Red Hat) Linux、Ubuntu Linux 和 Debian。此外，还有其他用于嵌入式系统、实时应用程序或特定用途的专用 Linux 发行版。

对于 Linux 操作系统而言，这些系统工具主要由 FSF 的 GNU 项目提供。因此，尽管大多数人只将其简称为 Linux，FSF 则非常考究地将该操作系统称为“GNU/Linux”。

当某个程序员编写应用程序时，他只想编写一次。操作系统通过将在特定计算机上运行程序所需的信息抽象出来，帮助程序员实现这一点。换言之，如果您想为 Windows、iOS 或 Linux 编写一个程序，会有一组**协议（protocols）**告知您如何在显示器上向用户显示、接收键盘输入、打印文件、访问调制解调器等，这组协议被称作该操作系统的**规范（specification）**。通常，这种抽象是由被称为**标准系统库（standard system libraries）**的软件库完成的。例如，如果您想用 C++ 编程语言将文件写入 Linux 系统磁盘中，您会调用一个标准库来实现。该规范告诉您需要向该标准库传递什么信息，以及如何调用该标准库。在 Linux 中，标准库有时被称作 SYSCALL 代码，它存储于同名库中并支持标准系统调用。换言之，如果您编写了一个使用 SYSCALL 的程序，您就编写了一个能在 Linux 上运行的程序。操作系统的规范或**标准接口（standard interface）**定义了该操作系统是什么。

如您在前言中所读到的，Linux 最初是对 UNIX 的重新实现。UNIX 有一个标准化规范，叫作可移植操作系统接口（Portable Operating System Interface，POSIX）[1]，由 IEEE 可移植应用标准委员会（Portable Application Standards Committee，PASC）维护。大约 80% 的 Linux SYSCALL 函数与 POSIX 中的函数相对应。因此，尽管 Linux 最初是 UNIX 的一个实现，但其发展已经超越了这个阶段。Linux 中的某些标准函数在 UNIX 中并不存在。

1　X 是一个补充，它遵循 UNIX 的“风格”，版本的缩写习惯以 X 结尾来命名。

此处需要了解的重要因素是，许多标准系统调用都远早于 Linux，因此也先于 GPL。

2.7 什么是应用程序？

应用程序（applications）是指您最熟悉的计算机程序——电子邮件程序、文字处理器、绘图程序、移动应用程序等，它们是直接与用户交互的程序。从某种抽象意义上而言，操作系统、语言引擎和应用程序之间并没有区别：它们都是程序，都是用源代码编写的，都运行于您的计算机中。不同之处在于它们彼此如何交互。

应用程序的处理是在被称作**应用空间（application space）**或**用户空间（user space）**的一部分计算机内存中进行的。请记住，内存是计算机处理器中运行程序的区域——内存不是磁盘或 USB 驱动，这两者是**存储（storage）**。您的计算机将其内存划分成不同的**命名空间（name space）**或区域。请记住，操作系统就像一个“交警”，告诉应用程序其运行空间及优先级。应用程序有一套固有的有限功能，这意味着它只能做操作系统允许它做的事情。

因此，虽然什么构成应用程序和什么构成应用空间在很大程度上是任意的，但对于特定的操作系统平台而言，其定义是明确的。对于较小的嵌入式系统，操作系统空间和应用空间之间的隔离（separation）可以被打破。随着 CPU 的运算能力越来越强、成本越来越低，越来越多的系统采用将两者隔离的方式来实现。当应用程序（如 Gmail）在浏览器中运行时，这个问题就会变得模糊，该应用程序是浏览器（如 Chrome 浏览器或 Firefox 浏览器）还是应用程序 Gmail？这个问题影响了对某些开源许可证的解释。

另一种看待操作系统空间和应用空间隔离方式的观点侧重于安全性。假设您去了一家零售企业（例如一家餐馆），当您走进去的时候，您会看到用餐区和为您提供食物的服务员；但餐厅的另一部分是后厨备餐的区域，除非您有钥匙，否则无法进入该区域。厨房里，还有其他一些事情正在进行——运送杂货、会计核算和员工调度等。如果服务员想向后厨点餐，他就通过墙上的一个洞，把一张票传给厨房。虽然不需要钥匙，但只有订单可以通过，只有食物可以出来。餐厅的设计者随意决定了餐厅的终点和厨房的起点。作为一个食客，您只能进入用餐区，且在该区域您只能做某些特定的事情。您看不到食品杂货配送或员工名册，更重要的是您也不必看到。您到那里只是为了去用餐。

厨房就像一个操作系统，餐厅就像应用空间，食品就像应用程序，而服务员就像标准系统调用。杂货配送是硬件，它属于系统之外。应用程序只能在计算机内存的特定区域内运行；食客则被限制在用餐区。应用程序只能通过标准系统调用向操作系统发出请求；食客通过服务员得到饭菜，服务员用规定的方法向厨房提交请求。操作系统与应用程序交互，对应用程序的服务进行优先级排序，并决定如何满足应用程序的请求；厨房工作人员根据食谱和食客的订单准备饭菜，以便根据食客的订单按时上餐。操作系统与硬件进行交互；厨房工作人员负责送货和倒垃圾。

食客对餐厅的运营所知有限。但一般食客并不关心餐厅如何运营，只是想用餐。厨房工作人员尽力提高用餐体验，且不希望食客在厨房里跑来跑去，因为这样会很危险，而且还会分散厨房工作人员的注意力。

应用程序只能有有限的访问权限，必须以规定的方式与操作系统交互，并且必须在操作系统分配的空间内运行。因此，应用程序的编程更简单且更高效。

2.8　动态链接和静态链接

从理论上讲，坐下来打开一个空白页，编写一个由单一源代码文件组成的程序是可行的。但没有人这么写软件。律师们应该很清楚这一点，因为他们在写复杂文件时从来不从头写起；相反，他们会从一个模板或例子开始，然后根据自身需要进行调整。有些律师发现他们每次都在做同样的修改，就通过填写不同情况下的信息来创建真正的格式文件，从而可以更加有效地进行准备。如果您不是律师，您可能已经准备了一份格式信件或演示文稿，然后开始创作另一份您认为类似的信件或演示文稿。您可能将原始信件或演示文稿的某些部分用作模板，但将其他部分摒弃。

程序员用同样的方式编写程序，但他们把这种系统性重用的方法发挥到了逻辑的极致。这样做不是剽窃或作弊，而是良好的编码实践。这是因为，代码是功能性的，它必须正确工作。如果重用有效（而非重写），则任何已经恰当测试过的代码都应该被重用。程序员们（像律师们一样）都在源代码和描述程序执行的人工文档中使用专有术语。统一这些术语意味着更多的程序员可以以最小的学习成本加入一个团队中。

例如，假设程序员希望用户在程序中输入其电话号码。电话号码有一个固定格式——在美国，该格式示例为 1-617-542-5942，其中 1 为国家代码、617 为地区代码、542 为交换机、5942 为号码。不同的国家和城市，格式不尽相同。因此，在允许用户进行下一步操作前，程序员希望用一些代码来确认该号码格式是否正确。

显然，很多人都不得不做这个简单的运算任务，但程序员并不知道所有可能的有效格式。因此，程序员用现有库例程来执行该操作是合理的。程序员发送用户的输入（键盘上输入的一串字符），并期望收到一个布尔值作为回复：TRUE 表示“正确”，FALSE 表示“不正确”。如果这样的库例程编写得很好，程序员只需知道向它发送什么信息以及返回信息意味着什么即可。正如上面所解释的，该例程的工作对程序员来说是个黑盒子。沿用餐厅的比喻，如果您相信厨房运作良好，您就不需要知道里面发生了什么——您需要的仅是提供输入（您的订单）和接收输出（您的食物）。

现在考虑一下，该程序员想完成许多这样的任务。例如，如果用户正在填写一页信息，便可能需要对每个字段都进行检查。程序员们将代码库用于许多标准并包含运算目的——解析用户输入、将输出发送到打印机、进行数学运算，以及诸如发送电子邮件、检查调制解调器是否开启或检查程序更新等更复杂的任务。在这些情况下，程序员都不想重复造轮子。程序员希望专注于其程序该完成的新事项上。

此处为上述函数的一个示例（本函数来自 Code Project）：

```
BOOL ValidatePhone(CString Num)
{
     BOOL  RtnVal = TRUE;
     if(Num.GetLength() != 11)
     {
           RtnVal = FALSE;
     }
     else
     {
           int   Pos;
           int   NumChars;
           NumChars = Num.GetLength();
           Num.MakeUpper();
           for(Pos = 0; Pos < NumChars; Pos ++)
           {
                 if(!isdigit(Num[Pos]))
                 {

     if(!isspace(Num[Pos]))
                             RtnVal = FALSE;

                 }
           }
     }
return RtnVal;
}
```

在这个示例中，返回值是一个**布尔值（BOOL）**，或者说是“真”或“假”。输入值为一个名为 Num 的字符串（多个字符）。该例程只检查字符数是否正确，以及是否所有字符均为数字或空格。上述例程的第一行显示了需要传递给它的信息（一个字符串）和返回值（一个布尔值）。如果程序员知道这个例程可以完成他的目标，那么他只需要知道第一行即可。当他想执行这个例程时，他可以引入这样一行代码：

```
until ValidatePhone (MyNum)...{[code to
input MyNum from the user]};
```

本行将持续执行，直到数字有效且该例程返回值为真。

一旦程序员有了他想用的所有例程，并将所有例程编译成了目标代码，接下来，他就需要把它们拼接起来。换言之，当他写下上面这一行代码时，计算机需要找到上述例程的对象并执行该对象，然后将返回值传回给该程序。要做到这一点，计算机需要知道在哪里找到这个例程，以及将返回值传回到哪里。这个过程可能如图 2.4 所示。

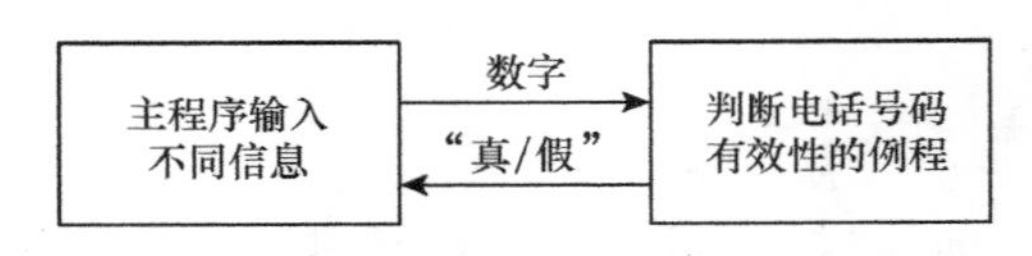

图 2.4　程序和例程之间的通信

整个程序将包含这些对象以及从主程序到电话号码例程入口点的信息。

即使假设该程序已经有效地将例程划分成模块，要创建一个高效执行的程序，还需要做更多决定。编程总是涉及内存使用量和运算速度之间的平衡。例如，整个程序可以存在于一个二进制大对象（Binary Large Object，Blob）中，且运行速度非常快，但这样就会占用大量内存（请记住，内存是计算机保存和执行程序的区域；存储则是计算机保存文件的地方，如硬盘、CD-ROM 或 USB 闪存驱动器）。为了在内存使用量和运算速度之间达成适当的平衡，程序员创建了一个软件**构建（build）**，构建的示例如图 2.5 所示，该图显示了一个使用日期验证例程的程序构建。

如您所见，“链接”选项需要的内存较小。可以把所用的内存看作□（box）和◊（diamond）所占用的空间大小。在“链接”选项中只使用了一次 Date

OK 例程，而在内联函数选项中，该例程则出现了两次（尽管是相同的）。但是，因为计算机不是自动下沉到 Date OK 函数进行处理，而是必须找到并执行该函数（由图 2.5 中的虚线表示），然后返回处理主线，因而此"链接"选项的执行速度会更慢。

在某些语言（如 C++）中，链接方式有所不同。您在使用计算机时是否曾看到过"未找到 DLL"这样的错误信息？在这种情况下，您的计算机被指示执行一个动态链接库，但该库在内存中找不到。当通过**动态链接（dynamic linking）**调用一个例程时，计算机必须在执行时找到并执行该例程，然后将其从内存中清除，并返回调用它的程序中。这意味着，在该例程运行的那一刻之前，都不需要该例程存在。如果误打误撞，该例程不存在而且从未被该程序调用，就不会出错。相反，在**静态链接（static linking）**中，该例程总是在内存中，并与调用它的其他例程是同一个二进制文件的一部分。这意味着这样的"误打误撞"不可能出现；根据定义，该例程驻留于内存中。

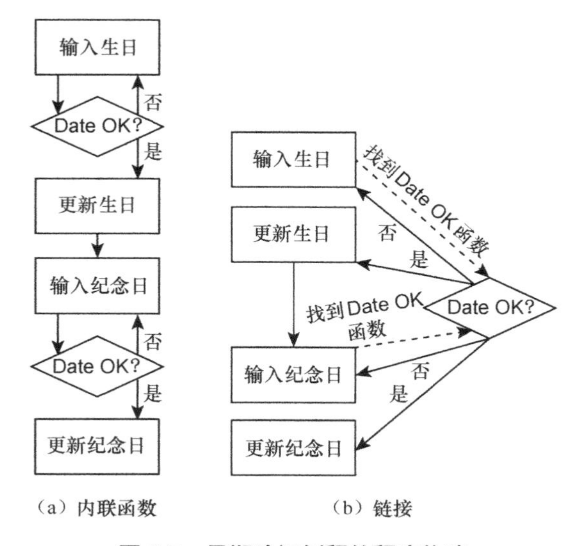

图 2.5　日期验证例程的程序构建

静态链接比动态链接执行得更快。虽然计算机寻找、执行和清除动态链接例程所需的时间可能非常短，但如果计算机必须多次操作，或者处理速度至关重要，例如在视听流、游戏或监控操作等实时应用中，动态链接可能就不是一个可行的选择了。然而，静态链接会因为所有例程都必须同时存储于内存中而占用更多内存。静态链接还可能会因为必须在程序启动时将所有例程加载到内存中，而延长启动时间。

这些构建技术很容易互换。只需指示程序如何进行构建，即可用不同的方式来构建同样的代码。而指示程序如何进行构建是由一组被称作“构建脚本”的命令完成的，其中包含“将所有例程构建为动态链接”“将所有例程构建为内联”“挑选不同例程”等命令。但是，现代计算机编译器和链接器可能并不总按照您说的去做；有些功能会基于效率选择构建方法来**优化（optimize）**程序构建。

2.9 单片机和可加载内核模块

有些操作系统是**单片式（monolithic）**的，换言之，操作系统由一个二进制大文件组成。Linux 是一个**准单片式（quasi-monolithic）**架构。Linux 内核的大部分元素都是静态链接并在运行时加载的[1]。然而，一些元素（尤其是硬件设备的驱动程序）可以作为动态链接模块来加载，这一事实是将要在第 8 章中进一步讨论的一个非常重要的法律问题的基础。

2.10 头文件

头文件描述了两个二进制文件之间能够互操作必须传递的信息。在 2.8 节

1 *Linux Internals*, Section 2.15, by Peter Chubb and Etienne Le Sueur.

的日期验证例程（“Date OK？”）中，输入可能是一个像 1906 年 6 月 26 日这样的日期，而输出数据可能是一个二进制数字（“0”代表正确，“1”代表不正确）。一个头文件看起来可能是这样的：

```
extern int dateOK(int mm, int dd, int yyyy);
```

代码中出现“extern”这个词意味着这个例程可以被其他源文件中的例程使用；这告诉计算机，为了使该例程被另一文件捕获，接口中的信息需要持续足够长的时间。“int”类型意味着该函数将返回一个整数值。在运算中，一个整数是一个或正或负的整数。在我们的例程中，这个返回值将会是“1”或“0”（我们当然可以使用一个布尔类型的返回值，为简单起见，我们使用了一个整数值）。这便是该函数的输出。该函数需要 3 个输入变量：“mm”“dd”和“yyyy”（我们当然可以使用一个日期类型的值，但那就没意思了）。这些输入值有时被称作**参数（arguments）**。在我们的示例中，这些变量均是整数类型的。“Date OK”是该函数的名称；当调用程序想调用该函数时，它将使用如下语句：

```
if (dateOK(6,26,1906)) [update record] else
[go back to input];
```

方括号内的项代表我们暂时不用考虑的其他编程语句，但它们也遵循图 2.5 中的逻辑流程。

日期验证例程将包含更多处理。例如，该例程将检查月份是否为 1 ~ 12、年份是否在预期范围内以及日期是否在给定月份的天数之内。但重要的一点是，我们在使用这个例程时并不需要知道这些细节。我们只需要知道该函数是做什么的，该函数经过了测试并且行之有效，以及我们期望的返回值是什么。头文件只包含使用该函数所必需的信息：函数的名称、数值、参数的类型和顺序，以及返回类型。因此，该函数不是软件代码本身，它是个接口的定义（这一事实对于讨论软件法中衍生作品的属性非常重要，第 8 章将进行更深入的讨论）。

2.11 容器

近年来，容器运算的突然流行引入了一种对开源许可有影响的新技术范式。**容器（Containers）**是由 Docker 公司开创的一种新的虚拟化方法。

虚拟化已经存在了很长一段时间，并应用于大多数复杂的 IT 系统中。虚拟化使系统管理员能够在主机操作系统上运行客户操作系统。因此，您可以在 Windows 系统上运行 Linux 内核，从而在 Windows 系统上运行 Linux 程序。

在网络运算中，不同用户希望在系统上运行的程序不同，系统管理员希望能够快速（极快地）进行此操作。因此，系统管理员希望能够灵活地即时创建虚拟化系统。他们还希望能够在不再需要虚拟化客体（virtualized guest）时停用虚拟化系统，以便将这些运算资源释放出来用于其他用途。

在计算机领域，这种想法有时被称作“宠物”或“牛”。虚拟化系统（在历史上）一直是需要照顾和喂养的“宠物”。系统管理员创建了一个一旦出现问题便尝试修复并继续运行的系统。因为创建一个新系统需要耗费相当多的时间和运算资源，相较而言，修复现有系统则更有吸引力。系统管理员更喜欢一个永不需要修复的系统——如果出了问题，只需将其“杀死”，然后引入一个新系统替代出问题的系统。但是，这当然只有在可以极快地创建新的**实例（instance**，该虚拟化系统的单一副本）时才行得通。“牛”指的便是这种与其替代品并无区别的一个实例，故可以根据需要创建或“杀死”。

这个比喻有点残酷，所以我有个替代方案：花园和景观。如果您花园里的植物变黄了，您会试着调整水或土壤使其重焕生机。在商业景观设计中，生病的植物直接被新植物取代，而结果看起来与原景观无异。

为了理解容器的工作原理，请想一想标准化、可替换的运输集装箱。如果您想轻松更换容器，则这些容器就需要包含其自身操作所需的一切。

图 2.6 显示了虚拟机（虚拟化技术的一种）与容器的粗略对比。在右边，二进制文件 / 库（bins/libs）是系统文件，否则它将成为客户操作系统的一部

分。这些系统文件并非由多个应用程序共享，而是将每个应用程序“容器化”，所有必要文件都在一个包中，这意味着替代比修复更容易。

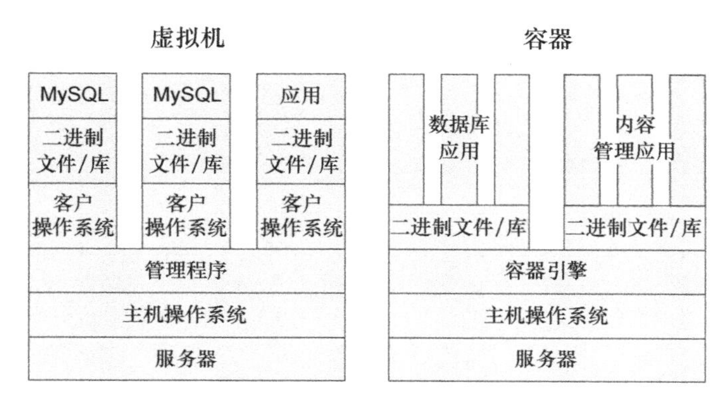

图 2.6 虚拟机与容器的对比

这对开源许可有什么区别呢？虚拟化系统通常是由系统管理员从头（从源代码或单个对象）开始建立的。但管理员可以从网上抓取预构建容器。这意味着系统管理员可以不用知道容器里有什么软件。他为什么要关心容器里有什么软件呢？毕竟，这不就是“牛”吗？正如您在本书的开源合规相关的章节中所见，如果您不知道您的产品里有什么，便不可能遵守开源许可证的声明要求——更不用说其他要求了。一个容器可能会“包含”许多软件组件，却没有一个说明它包含什么的有用的材料清单。另外，除非您从头开始构建容器，否则容器的性质决定了要确定最终容器中的内容会非常困难。

所以，容器是一项热门新技术的同时，也带来了可能会使开源合规变难的问题。我听人说过，由于技术和安全原因，从网上抓取并使用预构建容器是不负责任的，我把这个判断留给别人。然而，可以肯定的是，使用预构建容器会导致大量开源许可证的使用不合规。在这一点上，行业正在加速完善，更负责任的容器供应商开始提供其包括哪些组件及其许可声明的元信息。但就目前而言，容器已对开源许可要求造成严重的破坏。

第二部分

PART 2

开源基本理论及合规

第 3 章

常见的开源许可证

开源促进会（OSI）迄今已经认证了 100 多个开源许可证。有人指出，这是开源许可证的一个缺点——这点挺奇怪的，因为专有许可协议有更多（一个产品有一个许可协议）。事实上，OSI 已认证的这 100 多个开源许可证中，得以广泛使用的屈指可数，而其他许多许可证只是这几个许可证的变体。

以下是您需要了解的许可证：GPL、LGPL、MPL、EPL、BSD、MIT、Apache v2.0、AGPL。

开源许可证分为两类：宽松许可证和著佐权许可证。**宽松许可证（permissive license）**非常简单：只要您遵守声明条件，即允许您使用本软件做任何您想做的事。要遵守的声明条件并不复杂，但对于二进制发行版而言，实施起来可能存在管理方面的挑战（关于如何进行声明，参见第 7 章）。像所有开源许可证一样，宽松许可证按原样提供软件，且不提供任何担保。所以宽松许可证的特点可以总结为以下几点：用该代码做任何您想做的事；使用风险自担；承认我。

宽松许可证有许多，且对于 BSD 和 MIT 这些流行许可证，变体就有数百种。但由于其宽松的性质，其工作方式通常也相同。宽松许可证列表可参见蓝橡树委员会（Blue Oak Council）官网整理的列表。

著佐权许可证更复杂。简言之，除上述内容外，著佐权许可证还包括：如果您提供二进制文件，就必须提供这些二进制文件的源代码；您必须基于与获得该代码时相同的著佐权条款提供源代码；您不能对许可证的实施附加额外限制。

著佐权许可证分为几类：超强（AGPL）、强（GPL）、稍弱（LGPL）、弱（EPL、MPL、CDDL）。

该强度与可能受著佐权条件约束的外围软件的范围有关。GPL 的范围最广：它要求任何包含 GPL 代码的程序必须只包含 GPL 代码。其他许可证划定的范围要窄一些：LGPL 允许动态链接到其他代码，而像 EPL 或 MPL 这样的弱著佐权许可证，只要自身文件为 EPL 或 MPL 代码，即允许以任何形式进行合并。

AGPL 之所以被称为超强（著佐权许可证），并非因为其可能受著佐权条件约束的外围软件的范围最大，实际上该范围与 GPL 是相同的。相反，它之所以被称为超强（著佐权许可证），是因为 AGPL 在某些不分发代码，主要是软件即服务（Software as a Service，SaaS）的情况下，也适用其著佐权条件（提供源代码）。

3.1 剖析开源许可证

开源许可证是附条件的版权许可（关于这一点的详细分析以及对法律维权的影响，参见第 5 章）。所有开源许可证进行任何版权授权时均无领域限制或约束。虽然开源许可证的确规定了行使许可的条件，但只要遵守这些条件，就不会像专有许可协议那样受到使用类型、使用地点、拷贝数量等方面的限制。要正确理解开源许可和专有许可的区别，可以认为整个行业都在帮助公司审查他们是否在其所使用的专有许可协议的范围内，例如，一些工具可以帮助 IT 管理员限制一家公司的用户数量或安装某款软件的计算机数量；而对于开源来说，这些都不必要——您要做的只是遵守条件而已。相较于专有软件许可协议，开源许可证实际上很容易遵守。

开源许可证不包含许可方的义务。许可方授予许可，但不承诺做任何事情。

另外，从技术上讲，开源许可证也不包含被许可方的任何义务，而只是包含行使该许可证的条件。

3.2 专利许可的授予

有些开源许可证包含专利相关条款。第一批开源许可证诞生时，软件专利还不像今天这么普遍。20 世纪 90 年代，一些开创性的案例证实软件专利和商业方法专利（通常主张通过软件系统实现发明）包含可获取专利权的主体后，软件专利和商业方法专利便在美国日渐流行起来。

在大多数情况下，开源许可证包含两类专利条款：许可条款和防御性终止条款。

某些许可证（如 Apache v2.0、EPL、MPL 和 GPLv3.0）中的（专利）许可与本软件许可同时进行。如果一个代码贡献者对代码享有专利权，为了使所有代码接收者都能够行使该开源许可，该贡献者就会授予其专利许可。

此外，几乎所有包含明示专利许可条款的开源许可证也都包含防御性终止条款。一旦被许可方主张专利权，其便会失去基于该开源许可证获得的权利。

这些条款将在第 13 章中详细讨论。然而，此处需要注意的是，开源许可证中的被许可方并不能授予任何专利权——只有许可方才可以授予专利权。在开源中不存在回授或交叉许可，因为该许可不是一份合同，没有接受机制，也不包含被许可方的义务。该许可证附条件（其中之一可能是防御性终止条款），但并没有义务。

3.3 直接许可

开源许可证是直接许可模式——不授予任何进一步分许可的权利。然而，开源许可证允许对修改或未修改的代码进行再分发。当作者基于开源许可证发布代码时（无论该代码如何或何时被接收），权利就会自动授予每个接收者，而与该修改者是否将其修改后的软件传递给接收者无关，图 3.1 显示了权利授予的流程。

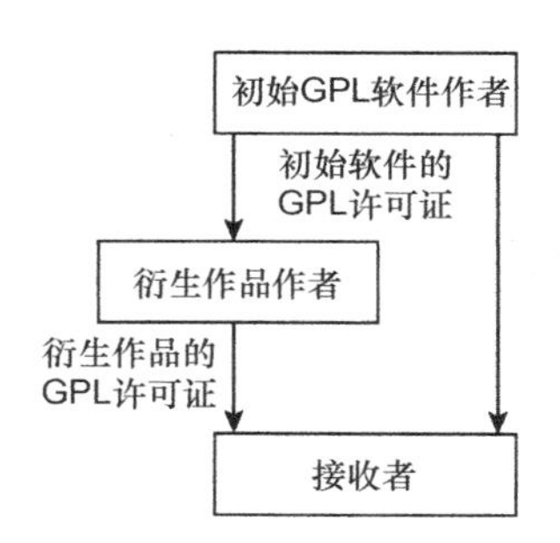

图 3.1　开源的直接许可模式

有些推论与该直接许可模式有关。如果一个分发者违反了某一开源许可证，则虽然该分发者可能失去其权利，但下游接收者并不会失去其权利。这是因为该分发者并非权利授予的源头。除非该下游接收者也违反了该许可证，否则向他授予的权利不受影响。

此外，开源许可协议从不转让。GPLv3.0 对此明确规定如下。

> “实体交易”是指转移一个组织的控制权或大部分资产，或拆分、合并某组织的交易。如果实体交易导致一个被涵盖作品的传播，且前利益相关方拥有或可以通过合理努力获得对应源代码，则该交易中收到该作品副本的各方均获得前利益相关方基于前述条款享有或可以提供该作品的许可，以及从前利益相关方获得该作品对应源代码的权利。

然而，一旦您理解了该直接许可模式，这就显而易见了。如果某一公司（买方）购买了另一公司（目标公司）的资产，且目标公司向买方提供了其正在使用的开源代码，则交易完成后，买方行使的该代码许可直接来自作者。因许可一开始便被授予给所有接收者（包括目标公司和买方），故无须转让许可协议。相反，专有许可则必须从一个被许可方转让给另一个被许可方——这可能会给并购交易（Merge and Acquisition，M&A）带来挑战。

3.4 常见开源许可证概述

表 3.1 列出了常见的开源许可证。

表 3.1 常见的开源许可证

许可证	是否为著佐权许可证	备注
AGPL v3.0	是	超强著佐权许可证，像 GPL 一样，但是在 SaaS 情况下会触发源代码要求
Apache v1.1	否	Apache v1.0 基本上已不再使用；v1.1 删除了“广告”条款
Apache v2.0	否	宽松许可证，但条款远比 BSD、MIT、Apache v1.0、Apache v1.1 更详尽；包含明示专利授权条款
艺术许可证（Artistic License）	否（尽管这一点已被反驳）	不是著佐权许可证，但限制比大多数宽松许可证更多。许多基于该许可证的项目是基于 GPL 的双重许可
（新）BSD 许可证	否	模板许可证——有许多变体在使用。主要的变体是“3 条（3-clause）”和“2 条（2-clause）”变体。早期版本包含一个广告条款
Boost 许可证	否	主要用作 Boost 项目的基础许可证；但是，Boost 项目的某些元素并未使用该许可证
通用开发和分发许可证（Common Development and Distribution License，CDDL）	是	以 MPL 为基础，是太阳公共许可证（Sun Public License）的后续版本
CPLv1.0	是	IBM 公共许可证的后续版本。另见 EPL
EPL	是	CPL 的后续版本
GPLv2.0	是	最常用的许可证。强著佐权许可证，适用于 Linux 内核
MPLv1.1	是	弱著佐权许可证，适用于 Firefox 浏览器
MySQL（GPL+FLOSS 例外）	是	类似于 GPL，但允许链接到开源代码
MPLv2.0	是	弱著佐权许可证，适用于 Firefox 浏览器

续表

许可证	是否为著佐权许可证	备注
OpenSSL/OpenSSLeay	否	宽松许可证（已废弃），仅用于 OpenSSL 项目。OpenSSLeay 包含如下条款："本代码的任何公开可用版本或衍生作品不得变更本许可证及分发条款"。但该许可证通常被认为是一种宽松许可证
太阳工业标准源代码许可证（Sun Industry Standards Source License，SISSL）	是	已废弃，现在基本上被 CDDL 取代。详见 www.openoffice.org/FAQs/license-change.html
W3C 许可证	否	宽松许可证。请注意，国际网络联盟（World Wide Web Consortium，W3C）是一个标准化组织；该许可证涵盖了可享有版权的材料，并且该标准可以涵盖其他类型的知识产权
zlib/libpng 许可证	否	宽松许可证

3.5 GPL

GPL 是典型的**自由软件（free software）**或著佐权许可证。GPL 通常被认为是使用最广泛的开源许可证。当然，衡量使用情况的方法有很多。根据不同来源来衡量，被项目应用最多的是 GPL，但根据使用情况加权的方法来衡量，其结果无疑更倾向于 Apache v2.0、MIT 或 BSD。

3.5.1 GPL 的各个版本

GPLv1.0 已不再使用，v2.0 发布于 1991 年，v3.0 发布于 2007 年。

GPL 版本的划分可能有点令人困惑。虽然少数项目是基于 GPL 单一版本发布的，例如 Linux 内核仅使用 GPLv2.0，但大多数项目是基于某个给定版本及任何后续版本发布的。接收者基于给定的 GPL 版本（如 v2.0）获取代码，并可以选择基于该版本（v2.0）或任何后续版本（目前是 v2.0 或 v3.0）许可证使用该代码。

选择基于一个版本及任何后续版本发布，意味着对许可证管理员的极大信任。如果该管理员发布的后续版本对许可方不太友好，许可方的权利就可能受到损害。然而，这个问题可以用一种解释技巧来处理——虽然接收方可以基于任何版本使用许可证，但从未要求许可方对其没有做出的任何许可负责。这对不包含明示专利许可的 GPLv2.0 而言可能是最有意义的。理论上，如果一个作者基于 GPLv2.0 发布了代码，他不需要遵守 v3.0 中的专利许可条款。然而，理论上讲，没有一个后续版本真正意义上增加了权利授予，增加了的仅是条件。

3.5.2 解读 GPLv2.0

大多数读过 GPLv2.0 的人都向我抱怨称这个许可证很难甚至无法理解。事实上，GPLv2.0 的语言并不难懂，但其组织结构对理解并无帮助。当然，GPL 和传统的软件许可证在语言上差异很大。GPLv2.0 尝试用通俗的语言来起草——这也受到许多律师（尤其是科技实务方向的律师）所青睐。

该许可证的第一部分是序言，大致相当于传统许可协议中的背景陈述。根据合同解释的有关法律，这部分可能被视为解释性背景，但不是许可条款的一部分。

GPL 的第一段编号为 0，而不是 1。在像 C 语言这样的计算机编程语言中，从 0 开始进行顺序计数。例如，数组的第一个元素是 0——这一惯例导致许多编码新手经常通宵熬夜调试代码。

GPL 的主要条款分为 3 个部分：分发未经修改的源代码、分发未经修改的二进制文件，以及分发经过修改的代码。传统的许可协议几乎从未采用这种方式写过，这可能是那些习惯于传统许可协议的人们对该许可证深感困惑的原因所在。

GPLv2.0 的几个条款都有绰号，例如：第 5 条是“非合同”条款，规定 GPL 是许可而非合同；第 7 条是“自由或死亡”条款，规定如果接收者不能在不附加其他限制的情况下基于 GPL 条款分发该代码，接收者就不得分发该代码，若 GPL 与专有代码的许可条款之间存在冲突，或者 GPL 与专利许可或保密协议之间存在冲突，则该条款就会起作用。

GPL 没有准据法条款。这并非疏漏——而是为防止该许可证分叉为若干国家版本而试图将其“国际化”。虽然大多数律师认为选择任何法律条款都比没有好，但 GPL 的起草者在做出该决定时将与当地法律的协调性置于确定性之上。因此，特定情况下使用哪个州或国家的法律来解释 GPL 将由背景法规定。

3.5.3 “特殊例外”

一般来说，GPL 只以官方形式出现，但也有一些 GPL 变体。每个变体都是特别开发的，采取的是**特殊例外（special exception）**的形式，或者说是由许可方授予的一组附加许可。每种例外情况都削弱了 GPL 的范围。表 3.2 列出了最常见的例外情况。

这些例外可能有特殊性，所以如果您正在处理适用例外的 GPL 变体，您必须每次都进行阅读并分析。

表 3.2　GPL 的特殊例外

例外情况	适用范围	意义
GCC 运行时库例外 www.gnu.org/licenses/gcc-exception-3.1.html	用于 GNU C 编译器的 C 语言运行时库	宽泛的例外，取消了所有通过任何“合格的编译过程”使用运行时库的 GPL 要求
类路径例外 www.gnu.org/software/classpath/license.html	GNU 类路径项目（Java 库的重新实现）和 OpenJDK	允许链接到专有代码。请注意，该例外允许所有类型的链接，但类路径文件很可能是动态链接的
FOSS/FLOSS 例外 www.mysql.com/about/legal/licensing/fossexception/	MySQL 应用接口	允许将 GPL 代码链接到其他（包括基于宽松许可证的）开源代码，该例外已随时间推移被逐渐修订，最后一次修订于 2012 年

这些例外（除了 FOSS 例外）是确保开发工具（如 GNU Compiler Collection，GCC）或语言引擎（如 Java）所需的运行时库的许可，并不要求相应的应用

程序基于 GPL 进行许可的实际措施。换言之，您可以使用 GCC 开发专有应用程序或在 Java 平台上运行专有应用程序。请注意，这些例外要比主要为让库能够作为应用程序（如插件）的动态链接库使用的 LGPL 宽松。

3.6 LGPL

LGPL 因其（著佐权适用）范围比 GPL 窄，故比 GPL 要**宽松（lesser）**。因为 LGPL 适合与自由软件库一起使用，所以有时被称作**库（library）**GPL。该许可证序言中写道："我们将本许可证用于某些库，以便使这些库能够链接到非自由软件中。"自由软件基金会（FSF）明确不鼓励使用 LGPL，因为"它在保护用户自由方面比普通的通用公共许可证略显逊色"。FSF 认为，有些库应该用于专有开发，有些库则不应该用于专有开发，"当某个库提供了一项重要的独特功能时（如 GNU 逐行读取功能 Readline），就是另一回事了。逐行读取库实现了其他软件普遍不具备的交互式程序的输入编辑和历史记录功能，将其基于 GPL 发布并将其限制于自由程序使用从真正意义上推动了社区发展。特别是因为自由程序是使用逐行读取功能的必要前提，如今至少有一个应用程序是自由软件。"当然，另一种可能是这种策略会适得其反，代码反而不会被大量使用。

LGPL 可能是最令人困惑的开源许可证之一。大多数公司之所以认为它易于遵守，是因为这些公司采用了一条简化的合规规则：只把 LGPL 代码作为动态链接库使用。然而，阅读该文档的人常常会问："它在哪里提到了动态链接？"且事实上，LGPL 并未明确提及这一点。

LGPL 本质上是在 GPL 的基础上增加了使 LGPL 库能够与专有应用程序合并的附加许可。在 GPLv3.0 中，LGPL 是作为 GPL 的一个附录起草的，这可能是理解该许可证的正确方式。然而，最常用的 LGPLv2.1 是个单独的文档，且难觅 GPLv2.0 的踪迹。

事实上，该许可证的条款更为复杂。如果您想超出该明确的合规规则，请参见第 9 章的内容。

3.7 公司式（或“弱”）著佐权许可证

有一类弱著佐权许可证，是为实现 GPL 的著佐权原则而编写的，但其起草风格更为律师们所熟知。这些许可证包括 EPL、MPL 和 CDDL。

MPL 涵盖了 2002 年发布的 Netscape Web 浏览器。该软件后来改进为 Firefox 浏览器并同样基于 MPL 发布。该许可证于 2012 年进行了修订和更新，并作为 MPLv2.0 发布。

IBM 公共许可证是在 MPLv1.0 之后起草的，但后来被 CPL 和 EPL 所取代。EPL 主要涵盖了 Eclipse 开发环境。

太阳工业标准源代码许可证（SISSL）是由太阳微系统公司发布的，但在 2005 年被 CDDL 所取代。

这些许可证大致遵循了 LGPL 的本质。尽管它们描述著佐权义务范围所采用的具体措辞不同，但范围都没有 GPL 那么广。因此，将这些许可证准确地称作弱著佐权许可证——允许基于这些许可证发布的代码库合并到专有产品中。此外，只要仍可基于该开源许可证获取该源代码，其中的诸多许可证允许基于专有条款对二进制文件进行再许可。因此，从某种意义上来说，著佐权只适用于源代码。这种方法避免了必须分拆上述 LGPL 许可证，对企业比较友好。

所有这些许可证也都包含明示专利许可和防御性终止条款，这些条款的摘要参见第 13 章。

3.8 宽松许可证

宽松许可证有数百种小变体，但几乎所有变体均基于 BSD 许可证或 MIT

许可证的模板形式，或由 Apache v1.1 或 v2.0 的条款组成。大多数宽松许可证都很简短。BSD 许可证最简单的形式如下。

* 版权所有（c）< 年 >，< 版权人 >。

* 版权所有。

* 在满足以下条件的情况下，无论是否经过修改，均允许以源代码和二进制形式再分发和使用：

** 以源代码形式进行再分发必须保留上述版权声明、本条件清单和以下免责声明；

** 以二进制形式进行再分发必须在随该分发提供的文件和 / 或其他材料中复制上述版权声明、本条件清单和以下免责声明；

** 未经事先明确书面许可，不得将加利福尼亚大学伯克利分校的名称或其贡献者的姓名用于支持或推广本软件的衍生产品。

* **本软件由董事会和贡献者“按原样”提供，不提供任何明示或默示担保，包括但不限于对可销售性和特定用途适用性的默示担保。在任何情况下，无论基于何种原因和何种责任理论，无论是因使用本软件而以任何形式出现的违约责任、严格责任、侵权责任（包括过失或其他原因），董事会和贡献者即使已被告知损害发生的可能性，也不对任何直接的、间接的、附带的、特殊的、惩戒性的间接损害（包括但不限于采购替代商品或服务；使用、数据或利润的损失；或业务中断）承担责任。**

许多律师对以“源代码和二进制形式”使用软件的许可感到困惑。他们想知道这种分发是否必须“要么两种形式一起分发，要么就一种都不分发”（允许以“源代码或二进制形式”再分发和使用会更准确）。有些律师也对缺乏正式的许可协议授权而感到不安。在实践中，上述两个问题都不值得密切关注；BSD 许可证显然是一个意在进行不可撤销授权的宽松许可证。这便是为什么开源许可证需要结合上下文而不能孤立解释；所有建议其客户关注以上两个问题的律师都没有看到问题的全貌，而且这么做也没有为其客户带来任何好处。

该许可证的读者还想知道为什么每行开头都有一个星号。在许多编程语言中，星号表示注释——因不打算将其当作编程语句使用而将被编译器忽略的文字。该格式在大多数情况下是人为的。虽然如今的许可证通常都在自身的文本文件中，但该格式允许将许可声明放在一个源代码文件中。

MIT 许可证如下。

版权所有（c）<年><版权人>。

特此授予任何获得本软件及相关文档文件（“软件”）副本的人，免费且不受限制地处理本软件的权利（包括但不限于使用、复制、修改、合并、出版、分发、再许可和/或销售本软件副本的权利），以及允许本软件接收方这么做的权利，但必须遵守以下条件：

本软件的所有副本或重要部分均应包括上述版权声明和本许可声明。

本软件“按原样”提供，不提供任何明示或默示担保，包括但不限于对可销售性、特定用途适用性和不侵权的担保。在任何情况下，作者或版权人均不对任何由本软件或本软件的使用或其他交易引起的或与之有关的任何违约之诉、侵权之诉或其他诉讼的索赔、损害或其他责任负责。

3.9 Apache

Apache v1.0 已因其所谓的“广告要求”而被废弃，其中“广告要求”内容如下：“所有提及本软件功能或使用的广告材料必须展示以下声明：本产品包括由 Apache 组织（Apache Group）开发的用于 Apache HTTP 服务器项目的软件（http：//www.apache.org/）。”此要求被认为不可行且可能与 GPL 不符。现在仍有少量软件是基于该许可证的。2000 年发布的 Apache v1.1 取代了 Apache v1.0 并删除了该广告条款。Apache v1.1 与 BSD 许可证和 MIT

许可证非常相似。

2004年发布的Apache v2.0经过修订，使起草标准化，并增加了专利条款。Apache v2.0已经成为包括谷歌的安卓项目在内的许多开源项目的首选模板许可证。

3.10 杂项许可证

还有许多大多只用于少数项目的其他开源许可证。有一类许可证因其娱乐价值而引人注目，有时被称作**其他软件（otherware）**。这类许可证因其倾向于设置可能被视为使用限制（因此与开源定义不符）的奇怪条件，有时会出现关于它们是否符合开源定义的严肃讨论，但通常认为这类许可证是宽松型的。有些人将这些许可证描述为对GPL篇幅长度和复杂性的社会评论。**其他软件（otherware）**许可证的一些示例如下。

1.“啤酒软件”许可证

#‘啤酒软件许可证’（修订版42）

#<tobez@tobez.org>写了此文件。只要您保留该通知，您便可以用这东西做任何您

#想做的事。如果某天我们相遇，而您认为这东西很值得，您可以请我喝杯啤酒作为

#回报。安东·别列津（Anton Berezin）

2. BarCamp许可证（修订版1）

<tyler@bleepsoft.com>写了这段代码。只要您保留该通知，您便可以用这东西做任何您想做的事。如果我们在BarCamp相遇，而您认为这段代码很值得，您可以请我吃一些墨西哥玉米卷作为回报。R.泰勒·巴兰斯（R.Tyler Ballance）

3. 猫咪软件许可证

本程序是猫咪软件。如果您觉得这个程序在任何方面有用处，则请花一个小时抚摸一只或几只猫咪来为这个程序付费。[1]

1 业界对于这是否符合“自由”软件许可证的标准还存在疑问。

4. 鸡舞许可证

本许可证旨在“为知识产权的愚蠢带来幽默感”，并在GitHub网站维护。本许可证基于BSD许可证，附以下条件进行再分发：

4. 希望以二进制形式再分发或将本软件包含在其产品中而不随产品再分发本软件源代码的实体还必须遵守如下适用的条件。

* 每分发一千（1000）件，至少有一半的员工或本产品相关人员必须聆听不少于两（2）分钟的维尔纳·托马斯创作的“DerEntentanz”（又名“鸡舞”）。
* 每分发两万（20 000）件，必须自费录制一（1）个或更多由与该实体有关的人员表演的完整鸡舞的原创视频，并以OGG Theora格式或<所有者>指定的格式和<所有者>指定的编解码器向<所有者>提交至少三（3）分钟时长的视频，提供<所有者>的联系信息。此视频的任何及所有版权必须转让给<组织>。视频中的舞蹈必须基于您应该已经附随该软件收到的关于如何表演鸡舞的说明。
* 只要该产品还在继续分发，就必须禁止任何雇员或本产品相关人员在公开场合提及“gazorninplat”这个词。

过去几年中，为所欲为公共许可证（do What The Fuck you want to Public License，WTFPL）趋于流行：

为所欲为公共许可证

1.0版，2000年3月

版权所有（C）2000 Banlu Kemiyatorn(]d).

136 Nives 7 Jangwattana 14 Laksi Bangkok

每个人都可以原文复制和分发本许可文档的完整副本，但不得进行更改。

好的，这个许可证的目的很简单，你只管**为所欲为**。

不幸的是，这些条款并没有说明你可以用这些代码做什么。但有人推测，作者对向你发起挑战并不太在意。另外，FSF认为该许可证与GPL兼容。

还有一些公有领域的贡献，如不许可（Unlicense）和知识共享零（Creative Commons Zero）。当然，这些都不是许可证，而是放弃附随代码版权的许可条件的意向声明。

3.11 OpenSSL

本节将不再尝试讨论众多不寻常的或非标准的宽松许可证。然而，有一个非标准许可证（OpenSSL 许可证）因为适用于一个随处可见的项目而非常普遍。OpenSSL 是安全套接字层工具包的一个开源实现。OpenSSL 许可证乍一看像一个 BSD 风格的宽松许可证，但包含的语言却令许多读者感到困惑。该项目网站称：

> OpenSSL 工具包基于双重许可证，即 OpenSSL 许可证和原始 SSLeay 许可证的条件均适用于该工具包。

这是**双许可证（dual license）**不太常见的用法——两个许可证同时约束该代码。以前的常见问题（Frequently Asked Questions，FAQ）指出 OpenSSL 是一个“BSD 风格”的许可证，这也是业界的普遍看法。然而，OpenSSL 的新许可 FAQ 包含了解决 OpenSSL 和 GPL 许可证冲突的建议：“如果您开发的开源软件使用 OpenSSL，您可能会发现选择 GPL 之外的其他许可证很有用，或者明确说明‘本程序基于 GPL 发布并附加编译、链接豁免，和 / 或允许使用 OpenSSL’。”这表明两者（OpenSSL 和 GPL）之间存在需要解决的冲突，而如果 OpenSSL 是一个真正意义上的 BSD 风格的许可证，就不会出现这种情况。该 FAQ 继续暗示，认为存在冲突的是 GPL 作者（而非 OpenSSL 作者）：“某些 GPL 软件版权人声称，如果您在通常不包含 OpenSSL 的操作系统上使用 OpenSSL 及其软件，您便侵犯了他们的权利。”

> 本代码的任何可公开获取版本及衍生作品不得变更本许可证及分发条款；也就是说，不能简单地复制本代码并将其置于另一个分发许可证（包括 GNU[通用] 公共许可证）下。[1]

1 拼写和标点符号符合美国用法。

这种困惑说明了非标准许可证的缺点——许多读者担心上述表述意味着该许可证意在成为著佐权许可证。

所幸，该许可证现在已经被其自身项目弃用。然而，由于 OpenSSL 旧版本还在使用，所以该许可证还仍然存在。

3.12　内容许可

软件包包含大量的非软件材料，如位图图像（如图标）、音乐文件、图片文件（GIF、JPEG 等）和文本文件，这些材料有时被称作**内容（content）**。当该软件开源时，有一个针对这些材料的等同非软件许可证会有所帮助。另外，如果作者想免费提供独立于该软件的内容，就需要有许可证来实现该发布。其中最常见的是 GNU 自由文档许可证（GNU Free Documentation License，GFDL）和知识共享许可协议。

根据 GFDL 的序言，GFDL 相当于适用于“手册、教科书或其他功能性和有用文档”或“主要以指导或参考为目的的作品……无论其主题是什么以及是否作为印刷书籍出版的所有文本作品”的 FSF 的 GPL。该许可证的许多条款是专门针对文档的，且不太适用于其他作品。该许可证并未得以广泛使用。

对于任何种类的非软件版权作品而言，选择使用知识共享许可协议会更受欢迎。这些许可协议提供了各种变体，以适应作者希望授予的权利广度；相应地，并非所有的许可协议都符合开源定义。例如，有一个“非商业”（NC）选项便与开源许可证中不得歧视任何领域的规则冲突。该等许可协议包括不允许修改（**无衍生作品，no-derivatives**）的选项。所有的许可协议都要求署名（称作 **BY**），有些还包含了著佐权条件（称作**相同方式共享，“ShareAlike”**）。每个许可协议都有两个版本——摘要和（包含实际许可条款的）**法律代码（legal code）**。这些许可协议非常注意尽可能使其应用国际化（CC 协议第 4 版特别包含了国际化条款）。

知识共享公有领域贡献协议（The Creative Commons Public Domain Dedication，CC0）因拒绝放弃任何专利权而特别受软件领域欢迎。对于公司来说，这是一种可以使受版权保护的软件得到广泛使用而不必过分担心是否已经放弃了任何专利权的便利方法。或者，从另一个角度看，这也是一种欺骗世界使用受专利保护的代码的便利方法。但大多数情况下，这并不是开源的初衷，其初衷更多是为了避免公司的专利已被免费授权根本无法进行维权而产生的不相干争论（关于这一点的更多讨论，请参见第 16 章）。

除了宽松（BY）和公有领域（CC0）版本外，知识共享许可协议对软件发布而言通常并非一个好的选择（相同方式知识共享许可协议中“适用”的定义参见 CC-BY-SA 4.0 协议的第 la 节）。换言之，与 GPL 的范围同样令人困惑的是将 CC 相同方式共享版本应用于软件。

3.13 问题重重的许可证

有几个许可证因为总是引发合规问题而值得注意。我把这些许可证放在我最不喜欢的许可证之列。

ODbL。一种附带著佐权许可条件的“开放数据”许可证（参见第 21 章）。

CPAL。在 Sugar CRM 首创的“附件 B”（“Exhibit B”）许可证（附带徽章“badgeware”要求的 MPL 变体）流行时，OSI 认证了一种徽章许可证，后来被弃用。徽章许可证因其条件可适用于不分发的情况，而引起了大多数公司对合规的关注。在这方面，这些许可证可被认为是类似于 APGL 的超强著佐权许可证。

“公有领域”许可协议。该许可协议表面上是对公有领域的贡献，并要求版权或许可声明。在作者已放弃版权保护的作品上进行版权声明并不合适，因此这种“许可协议”是自相矛盾的，好在这种情况并不常见。

第 4 章

许可证兼容性

关于尽职调查的必要性和许可证兼容性问题远远超出了开源许可的范畴。自软件许可开始以来，律师们就一直在解决软件许可协议的兼容性问题；该问题之所以成为焦点，只是因为开源许可使得兼容性成为每个人（而不仅仅是律师们）关注的问题。您将在本章中读到的大部分内容都与一般的软件许可相关，最后，您可能会得出这样的结论：尽职调查中的大多数问题是由专有许可协议（而非开源许可证）引起的。如今，开源许可之所以导致大量的尽职调查，主要是因为基于开源许可证的软件非常多。

4.1 尴尬的晚宴

用不同类型的软件进行开发，就像为您的亲戚筹备一场尴尬的晚宴。您可以通过重复大量工作款待每个人：您的中年叔叔（正在节食，要求低碳水化合物）想要肉和鱼；您的妹妹（素食主义者）只想要当地种植的蔬菜；而您十几岁的侄子只要是比萨就会吃。但是，如果晚宴的客人们不仅限制他们自己的饮食，而且还对他们不吃的食物怀有强烈的厌恶，意图挑起争端，那该怎么办呢？这样就很难让所有人坐在同一张桌子上共进晚餐。

就像充斥着我们周围世界的许多头条新闻中的困境一样，之所以存在这些困境，并非因为参与者不同，而是参与者们拒绝与他人共存所致。软件许可证（就像那些确信自己是对的而其他人都错了的人一样）都有一套自己的规则。当所有的规则发生冲突时，共存便无可能。

4.2 什么是尽职调查?

大多数想了解开源许可的人都有一个进行尽职调查的目标。这个过程有很多名字——代码审计、尽职调查、内务管理、合规和知识产权健康。但不管叫什么，它都是尽可能确保贵公司遵守所使用软件的开源许可证的过程。在本章中，我把该过程称作**尽职调查（diligence）**。

尽职调查项目产生的原因有很多，它几乎总是出现在合并、收购、剥离或融资交易等公司交易期间。但也可能因为客户要求、监管部门审计，或仅为了风险管理而对是否遵守许可证进行主动调查，甚至还可能为了尊重他人知识产权而进行尽职调查。

尽职调查过程不是为了完美无瑕，而是为了进行风险管理。完全合规的事物是不存在的；软件领域（即使对于一个简单的产品或业务而言）要做到完全合规实在是太复杂了。尽职调查的过程意在首先解决最糟糕的问题，然后进入下一组问题，然后再进入下一组问题，直到人们耗尽时间、精力或对风险的恐惧。这是一个对问题进行分类并做出合理决策的过程。

从总体上看，尽职调查是确保您的入站权利大于等于您的出站权利的过程。所谓入站，我们指的是授予贵公司的许可，而所谓出站，我们指的是由贵公司行使或授予他人的权利。如果您授予或行使的权利多于您拥有的权利，那么您就侵犯了别人的权利。

图 4.1 呈现了管理进入软件代码库的权利（即入站权利）通关的两种常见情况。一种是由该目标软件创建方编写的软件代码。作为作者，创建方有权行使版权。另一种是他人编写（因此需要有行使该版权的许可）但基于广泛的入站许可提供的软件。其中的每一种入站权利情况都足以超过许可给接收者的权

利，即出站权利。只要出站权利小于等于入站权利，该许可就行得通。

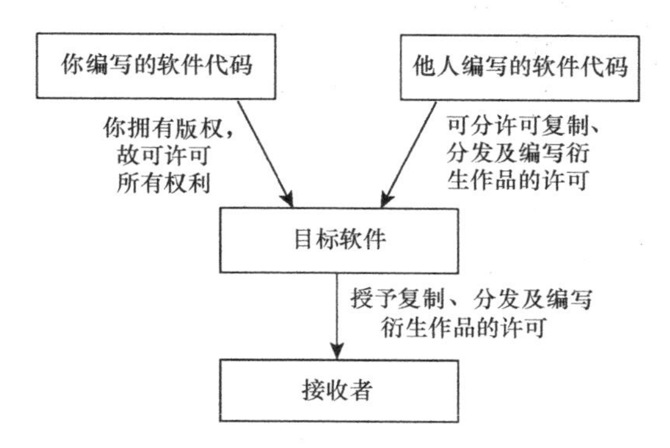

图 4.1　管理入站权利通关的两种常见情况

权利通关的问题虽然可以有多种形式，但许可限制和许可条件最为常见：许可限制只发生在专有许可中，而许可条件则是更常见于开源软件许可中的一种形式。

图 4.2 描述了专有许可中典型的尽职调查问题。专有软件的入站许可的范围比出站许可授予的范围要窄；某些授予出去的权利并未被授予进来。当然，这个问题不可能发生在开源软件组件上，因为开源的定义要求许可授予不能被施加任何限制——这就是自由 0 项。然而，如图 4.3 所示，开源许可证可以设置造成尽职调查问题的条件。

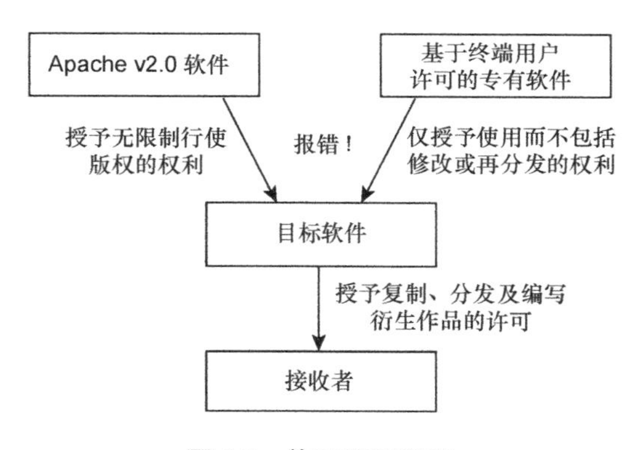

图 4.2　许可限制问题

在图 4.3 中，该软件代码库包括一个基于 GPL 入站许可的组件。因为 GPL 是一个著佐权许可证，所以再分发该软件时必须遵守著佐权许可证的条件。但此处犯了一个错误：这些条件并没有流转到接收者那里。这就是典型的开源尽职调查问题。另一种表述方式是，GPL 作为入站许可证与作为出站许可证的 Apache 不兼容。

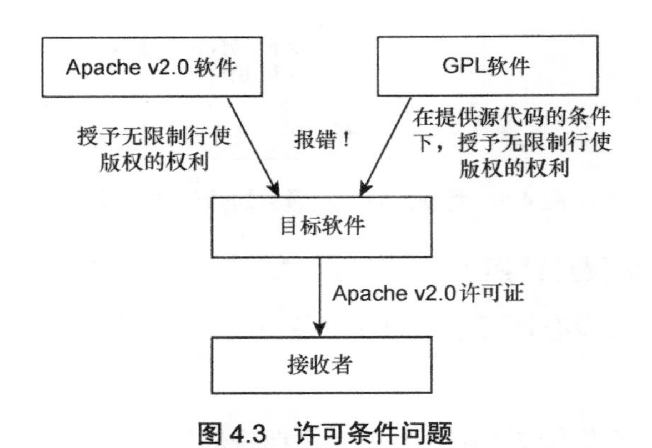

图 4.3　许可条件问题

在开源软件中，条件冲突带来了许多尽职调查问题。图 4.3 中，开发该目标代码的公司必须将其出站许可证修改为 GPL 才能解决该问题。为创建正确许可的软件，我们需要只用与该出站许可证兼容的入站许可证。因此，只应使用比出站许可证条件更少且一致的入站许可证。当开源世界的人们谈论兼容性时，他们指的就是这个。

在图 4.4 的例子中，许多与 GPLv3.0 兼容的许可证可以约束这个项目。基本规则是，出站许可证必须是条件最多的那个许可证。

然而，受 AGPL（有更多条件）、EPL 或 CDDL（都有不同的著佐权条件）等许可证约束的组件不能被包含于该软件中。所有这些著佐权许可证就像尴尬晚宴上饮食互斥的客人，这是因为这些许可证都排斥在该软件上设置额外的许可限制。同时，由于每个许可证都含有略有差异的条款，因此每个许可证都包含了相对于其他许可证的附加限制。例如，GPLv2.0 第 6 条表述如下。

> 您每次再分发本程序（或基于本程序的任何作品）时，接收者在遵守该等条款和条件的前提下都自动从原始许可方获得复制、分发或修改本程序的权利。您不得对接收者行使本许可证授予的权利施加任何附加限制。

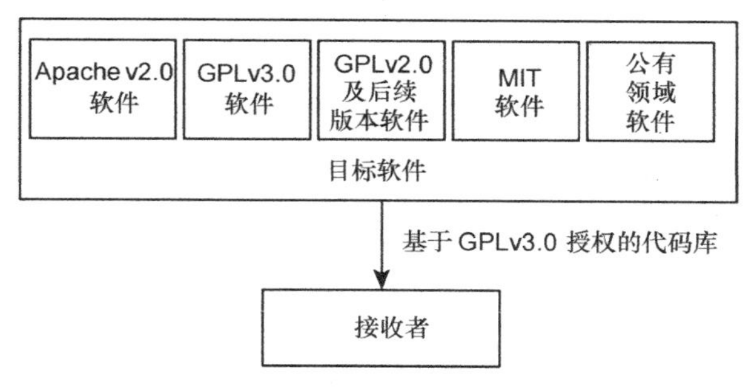

图 4.4　许可证兼容性

少数著佐权许可证是兼容的。例如，因为 LGPL 只是一组允许与非 GPL 软件进行某些类型合并的附加许可证，故可基于 GPL 的相应版本再分发 LGPL 代码。在 LGPLv3.0 中，这一点更为明显，因为 LGPLv3.0 是作为 GPLv3.0 的一组附加条款起草的。对于 v2.0 的对照版本，LGPLv2.1 的第 3 条包含了一条特定规定：

> 您可以选择将普通 GNU 通用公共许可证条款而非本许可证条款用于本库的给定副本……一旦对给定副本进行了此更改，则此更改对该副本是不可逆的，因此该副本的所有后续副本及基于该副本产生的衍生作品均适用普通 GNU 通用公共许可证。

某些著佐权许可证（如 MPL）包含使其可与其他著佐权许可证兼容的特定条款。例如，MPLv2.0 称：

> 3.3　较大作品的分发
>
> 在您针对被涵盖软件遵守本许可协议的条件的前提下，您可以根据自身选择的条款创建和分发较大作品。如果该较大作品是被涵盖软件与一个或多个二级许可协议所涵盖作品的组合，且被涵盖软件与二级许可协议并不冲突，则本许可协议允许您基于该（等）二级许可协议条款另行分发该被涵盖软件，以便该较大作品的接收者可以根据其选择，基于本许可协议或该二级许可协议的条款进一步分发该被涵盖软件。

该二级许可协议包括 GPL 和 LGPL，除非作者特别选择通过一个说明该软件不可基于二级许可协议提供的声明来避免兼容，否则该条款通过强制方式与包含 GPL 和 LGPL 在内的二级许可协议建立了兼容性。鉴于大多数采用者很少选择限制二级许可协议或后续版本的兼容性，该条款在最常见的 MPL 和 GPL 版本中建立了广泛的兼容性。

上述讨论与我认为的垂直兼容性有关——给定一个入站许可证，该许可证所涵盖的软件能否在另一个出站许可证整体涵盖的代码库中再分发？但请记住，开源许可并不是一个分许可制度。入站许可证条款不会变，它们实际上是被直接传递给所有接收者的。然而，在开源实践中，版权的全部权利均被授予使用者，所以该等许可证的（权利）授予之间不可能存在任何差异；唯一区别在于行使许可证时施加的条件。因此，只要入站许可证和出站许可证的条件不互斥，就不存在兼容性问题。

4.3 横向兼容性问题

然而，我认为还有一个更微妙的问题是横向兼容性问题，但这个问题只存在于 GPL（或 AGPL）和 LGPL 中，因为这几个许可证是仅有的几个对代码合并方式进行限制的许可证。第 8 章和第 9 章将对 GPL 和 LGPL 的合规性进行更详细的讨论，这里先给出简要规则。

- **只要一个程序中有任意一段代码是遵循 GPL 的，则该程序必须全部基于 GPL 提供。**
- **LGPL 代码只应作为动态链接库与其他代码合并到一个程序中。**

图 4.5 展示了横向不兼容可能引发的问题。在这种情况下，该程序包含基于各种许可证的入站条款所涵盖的代码。但是不能基于其他任何条款再分发基于著佐权许可证的代码，所以没有一个许可证能行得通（关于 Apache v2.0 和 GPLv2.0 之间实际或理论上不兼容的讨论，参见本章下文）。这就像没有一道菜能满足所有人的那张餐桌。GPL 就是那个不仅不会和其他人吃同样的饭菜，而且也不能容

忍其他菜出现在同一张餐桌上的食客（当然，许多专有许可协议也是如此）。

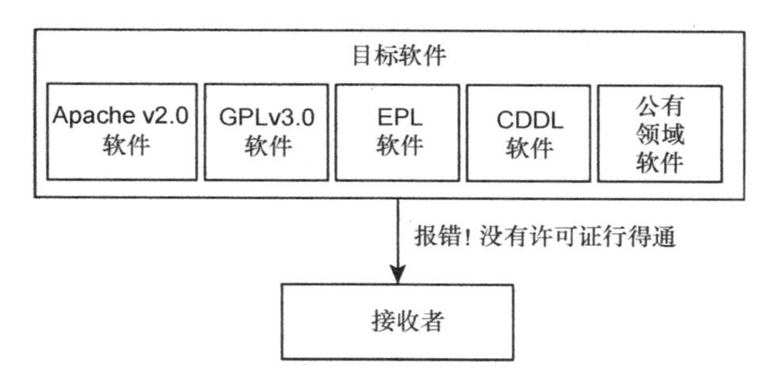

图 4.5　横向不兼容造成的问题

相比之下，基于弱著佐权许可证提供的软件往往可以在同一个程序中共存，当然，宽松许可证对其他代码并没有限制，所以，图 4.6 所示的情况是可行的。因为虽然所有的许可证都是著佐权类型的许可证，却是弱著佐权类型的许可证，向接收者授权可以通过同时传递该等许可条款来实现。每个组件都将受到其自身许可证的约束，而该代码库整体并没有一个许可证。这就像一张供每个访客单独用餐的餐桌，访客们虽然不分享（食物），但他们可以坐在同一张餐桌上。

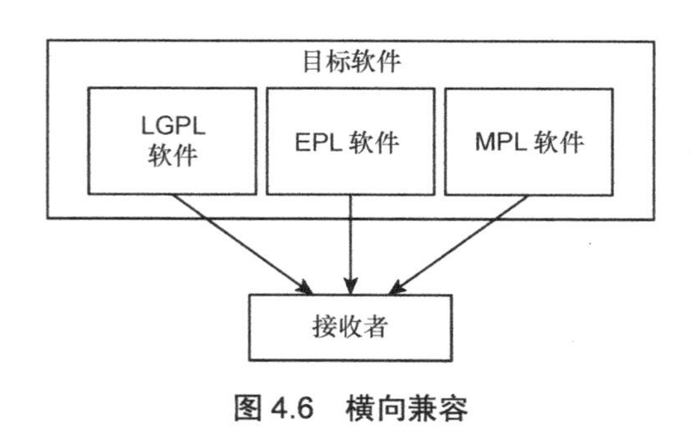

图 4.6　横向兼容

4.4　如何避免许可证漏洞

上述所有情况均从试图通过第三方授权开源软件组件创建软件产品的开发者角度来看待尽职调查问题。在这种情况下，开发者大多需要把入站许可作为一个既定事实。然而，有些开发者可选择在不受入站许可影响的情况下发布自己的软件（关于这个选项的更多讨论，请参见第 16 章）。上述讨论显示了为何该选项如此重要的一个方面。一家开发公司可以用其喜欢的任何条款来授权其软件，但是如果它做出了某些选择，比如为一个必须与专有或其他著佐权组件包含在同一程序中的库选择了 GPL，便可能会造成其他开发者无法在其他项目中重复使用该软件。如同双许可模式，有时采取这种选择是迫使用户购买专有许可的一种方式。在这种情况下，开发者有意制造了一个许可证漏洞及其解决途径。但是，如果在没有经过深思熟虑的情况下做出这样的选择，该许可可能会适得其反，而仅起到妨碍该软件采用的作用。

4.5 Apache v2.0 和 GPLv2.0

上文指出，Apache v2.0 和 GPLv2.0 可能不兼容，这从表面上看似乎难以解释。宽松许可证通常可与其他所有开源许可证兼容。然而，Apache v2.0 发布后，FSF 采取了 Apache v2.0 不与 GPLv2.0 兼容的立场。获取关于（理念截然不同的开源组织之间的）这种意见分歧的信息有点困难。但 Apache 基金会对此发布了以下内容。

> 在与自由软件基金会（FSF）通了几个小时的电话后，我们对 GPL 的特定解释有了更好的理解，这可能引导人们理解以下内容：授予明示专利许可会导致所有默示专利许可无效；撤销该明示专利许可会导致主张专利侵权的人失去本来可以通过 GPL 默示权利获得的专利权；失去专利权意味着失去使用权；在第三方对他人的分发权利施加限制（即直到对该作品下达判决或禁令）前，GPL 第 7 条允许专利权人主张 GPL 作品中的专利被侵权并继续基于 GPL 分发该作品。
>
> GPL 第 6 条规定的“您不得对接收者行使本协议授予的权利施加任何附加限制”并不适用于专利，因为“本协议授予的权利”仅是版权。[1]

---

1 当然，许多专有许可也是如此。

> 这是目前我们对FSF所持立场的理解；我们的理解是否正确尚未得以证实。
>
> 请注意，这与我们之前所称的GPL禁止主张某作品侵犯了其自身专利技术的实体继续使用该GPL作品的观点是相反的。因FSF认为专利侵权主张并不等同于对他人再分发权利的限制，对附加限制的约束只适用于GPL自身列出的那些权利（版权），显然，在判决或禁令发布之前是可以继续分发和使用的。

Apache基金会表示，它“认为至少在我们就默示专利许可的效力得到明确答案之前，该问题在法律上还处于不确定状态”。

FSF对明示专利许可取消默示许可的立场（至少如上所述），在法律上并不是个必然结论；这个立场可能只是倡导，而非客观的法律分析。考虑到GPL第7条中所谓的“自由或死亡”条款，专利许可终止的问题就更有意思了：

> 如果因法院判决或专利侵权主张或其他任何原因（不限于专利问题），对您施加的条件（无论是通过法院命令、协议或其他方式）与本许可证的条件相抵触的，并不能使您免于遵守本许可证的条件。如果您在分发时不能同时满足本许可证规定的义务和其他任何相关义务，则您不得分发本程序。

Apache基金会指出，即使我们接受FSF的推理，也只在实际上有专利覆盖了本应被许可的作品时才会出现额外的限制。Apache基金会是基于Apache v2.0许可证的大量代码的许可方，并不拥有专利，且许多基于Apache v2.0发布代码的许可方可能处境相同；大多数基于Apache v2.0发布代码的公司不会选择基于Apache v2.0发布为公司珍视的专利所覆盖的代码。

请注意，FSF认为GPLv3.0与Apache v2.0兼容。

GPLv2.0与Apache v2.0不兼容的问题（实际的或有效的）导致了底层虚拟机（Low Level Virtual Machine，LLVM）项目（该项目开发了一个广泛使用的开发工具）的一个有趣的许可例外。

> 如果您将本软件的编译形式与基于GPLv2.0许可的软件进行组合或链接（“组合软件”），并且如果有管辖权的法院确定本许可证的专利条款（第3条）、赔偿条款（第9条）或其他条款与GPLv2.0的条款相冲突，您可以追溯地和前瞻地选择视为放弃或以其他

方式排除本许可证的此类条款，但该选择仅针对该组合软件整体。

这实质上是说，如果法院认同 FSF 认为该等许可证不兼容的观点，那么被许可方就不需要承担其对基于两个许可证的代码进行合并而违反 GPL 的风险。LLVM 项目之所以采取这种方式，是因为它既要给用户提供 Apache v2.0 专利许可支持，但又得允许用户使用 GPL 代码构建文件。

4.6 许可证增殖

如果不讨论**许可证增殖（license proliferation）**，则关于许可证尽职调查的讨论就不完整。这是一个有分歧的话题：许可证条款的标准化无疑会使尽职调查过程更加容易；然而，那些反对许可证增殖的人常常犯了将选择等同于命令的逻辑错误，认为许可证条款的统一性应该取决于其自身选择。那些认为他们的许可证对所有人而言是最佳选择的人（当然）有权发表自己的意见，但他们无权为其他作者做出选择，其他作者也有选择其自身条款的权利。

任何抱怨开源许可证增殖的人，可能没有在专有许可协议尽职调查上耗费过多少时间。专有许可协议有一系列令人眼花缭乱的许可限制（而非许可条件），这使得尽职调查工作成本高又耗时。整个行业的许可管理和软件部署工具都是为了帮助企业遵守专有许可限制。开源许可证可能有 60 多个（译者注：作者撰写该部分时只有 60 多个开源许可证，截至 2022 年 9 月，通过 OSI 认证的开源许可证已有 100 多个），但专有许可协议则存在无限多样性。

其他持更精细观点的人，与其说是反对新的开源许可证，不如说是反对难以理解或写得不好的新许可证。可悲的是，许多开源许可证写得差到让人难以理解。虽然专有许可协议也可能写得很差，但随着时间推移，专有许可协议往往会随着到期和重新谈判而得以更新和改进。但是，开源许可证却是永久的。

无论您如何看待许可证增殖，如果您正在发布开源软件，您应该克制自己写一个新的开源许可证的冲动。因为这么做（特别是对于著佐权许可证而言）非常不受欢迎且挑战性极高。大多数发布开源代码的公司发现，现有的某一款许可证对他们而言是可行的（至少是还好），而且现有许可证的缺点会被减轻期待使用该软件的接收者的审查任务所产生的善意抵消。

第 5 章
附条件许可

开源许可证是附条件许可。这个概念对于刚接触开源许可的新手而言是最难掌握的，坚持掌握该概念的重要性绝不仅是学究气。这个概念含糊不清会导致对开源许可的严重误解。就像柏拉图洞穴的阴影一样，对附条件许可的误解造成的恐惧远超其实际危害。有些人把 GPL 称作“病毒”，使用这个词不仅不正确且卖弄辞藻，还夸大了使用开源软件的风险。**病毒（viral）**这个词因歪曲和限制了对开源许可原则的理解，早就该从关于开源许可的讨论中根除了（我听说过几个将这个词与一般自由软件或 GPL 联系起来的故事，但因无从证实，故在此不再赘述）。

5.1 这不是病毒，而是漏洞

我从客户那里听到的关于 GPL 最常见的一个问题是：“我们怎样才能让它不污染我们的专有代码呢？”答案很简单：它不会污染您的专有代码。至于它污染您的专有代码这一点，根本就没有合理的法律论据。但在本章中，我们将详细研究该误解为什么一直存在，以及为什么附条件许可模式限制了违反 GPL 的最坏情况的问题。

正如我们在第 4 章中提到的，通过将 GPL 代码与专有代码合并，并以 GPL 以外的条款分发该组合代码，可能会违反 GPL。开发者们脑海中想象着“大摇大摆”的病毒，担心如果将 GPL 和专有代码合并到一个程序中，该 GPL 许可条款将“传染 ”该专有代码，而该专有代码将自动基于 GPL 进行许可。开发者随后便担心他们将有义务提供其自身专有代码的源代码。

这对于大多数专有代码开发者而言，根本不是一个可选项。这么做不仅会使其专有代码贬值因而违反其对股东的信托责任，而且很可能会使他们违反第三方许可协议。一个公司的专有产品通常包含基于专有条款进行分许可的第三方软件。因此，该公司即使想将该产品转换为 GPL，也无权这么做。

但是，“传染”并不是著佐权的工作方式。事实上，如果一个开发者以违反 GPL 的方式把 GPL 和专有代码进行合并，结果就是违反了 GPL——不多也不少（如果开发者将第三方 GPL 代码与第三方专有代码进行合并，则可能已经同时违反了这两个入站许可）。这意味着，从法律上讲，GPL 代码作者可能会就违反 GPL 的行为获得救济，以及（如果该许可证因此被终止）对未经许可使用 GPL 软件的行为获得救济。这两种可能性，本质上都是版权侵权主张。版权侵权主张的法律救济是损害赔偿（赔偿金）和禁令（停止使用 GPL 代码）。

事实上，GPL 改变其他代码许可条款的法律机制根本不存在。要使软件基于一组特定的条款进行许可，作者必须采取一些行动合理引导被许可方得出许可方选择基于这些条款提供代码的结论。相比之下，在一个违反 GPL 的程序中将专有代码和 GPL 代码进行合并是一种许可不兼容——意味着这两套条款相互冲突且不能同时满足。对于这种许可不兼容，更好的类比是软件漏洞而不是软件病毒。

5.2　什么是附条件许可？

GPL 和几乎所有其他开源许可证都同时向所有希望基于该许可证使用该代码的人授予版权许可。但该许可是以遵守某些要求为条件的。这些要求的范围从宽松许可证的许可声明到著佐权条件（提供源代码）。如果违反这些条件，则该许可就会被终止。

这一想法之所以令人纠结的一个原因在于，附条件许可在开源许可领域之外并不常见。对律师而言，最接近的类比物可能是单务合同。所有法学院的合同课都始于这个假设——“如果你过桥，我就给你 10 美元”。当你过了桥，这 10 美元就到手了。但开源许可则恰恰相反。它并不是说“完成这项任务，我就奖励你”，而是说“享受这项恩惠，直到你行为不端”。这从法律上讲，是不同的。

5.3 是许可还是合同?

您可能听开源倡导者说过，开源许可证“不是一个合同”。更好的说法是，开源许可证并不必然是合同，但这并不等于说它们从来不是合同。提出“是许可还是合同？”的问题，把问题过度简单化了。但首先，让我们了解一下合同和附条件许可之间的区别。

合同（contract）是一系列允诺。根据法律规定，当有要约、承诺和对价时，便订立了合同。对价是指换取允诺的某种有价物。除非各方均进行了允诺，否则法律不会承认和认可一个合同的效力（未进行允诺的安排被称作**礼物**）。法律只要求各方出于自愿，并不要求交易公平或均衡。在法律上，对价有时被称作“胡椒粉”——换言之，给出的东西是否贵重并不重要，所以胡椒粉就足够了。胡椒粉像许多法律术语一样，早已超出了其最初含义。当初创造这个术语的时候，胡椒还是一种昂贵的进口奢侈品。[1] 对价的形式之一是不行使权利——不做一方原本有权做的事情（例如向某人支付不吸烟的费用[2]）。

因为许可是不对知识产权侵权行为提起诉讼的一项承诺，因此许可合同总是涉及不行使权利。许可方承诺不起诉，而被许可方则承诺以某种方式进行回报（如支付许可费）。大多数知识产权律师都习惯这种模式。但是，开源许可

1 See *Restatement (Second) Contracts*, Section 79.

2 See *Restatement (Second) Contracts*, Section 71.

存在微妙的差异。

在开源许可中，被许可方本身并没有给出对价。相反，行使该许可有一些条件。只要被许可方遵守这些条件，就可以继续行使该许可。如果被许可方违反了这些条件，该许可就没有了，且该许可方可以自由地提起侵权诉讼。

附条件许可和合同之间的差异虽然很微妙，但很重要。在合同中，每一方都做出允诺，如果一方违反允诺，法院可以命令该方履行其允诺。事实上，法院几乎从不责令人们履行合同。如果有人违反了合同，法院会责令违约方支付赔偿金。此外，法律几乎从不支持其他诉求。责令一方当事人实际履行合同称作**特定履行（specific performance）**。这是一种仅在有限的情况下会被支持的特殊救济措施（如不动产销售）。在大多数情况下，违约被认作纯粹的商业损害，因此，赔偿金是唯一的救济措施。这个概念很重要，这实际上涉及普通法国家的政治自由的一个基本前提。对于民事侵权行为（相对于刑事犯罪而言）的惩罚是支付赔偿金或责令停止做某事。除特殊情况外，法院不能责令我们采取积极的措施，这是我们政治自由的一个重要原则。在刑法中，法院可以监禁或采取其他措施来限制个人自由，但之所以不同，是因为刑法寻求对社会而非对个人的伤害来进行惩罚。因此，刑法中的有些救济措施在民法中并没有。

在一个附条件许可中，被许可方没有承诺做任何事情。事实上，无论您是否打算行使某一开源许可证授予您的权利，它都授予您这些权利。您、我及其他所有人，在许可方基于 GPL 发布代码的那一刻，即已基于 GPL 获得许可。然而，实际行使该许可是附条件的：被许可方必须遵守该许可证的条件，否则将丧失该授权。正如 GPLv2.0 第 5 条所述：

> 因为您并未签署本许可证，因此并不需要接受本许可证。但是，其他任何许可均不授予您修改或分发本程序或其衍生作品的权利。如果您不接受本许可证，则前述行为均为法律所禁止。因此，您通过修改或分发本程序（或基于本程序的任何作品），表明您已接受本许可证以及所有与复制、分发或修改本程序或基于本程序的作品有关的条款和条件。

但事实上，这与其说是试图订立一个合同，还不如说是在解释被许可方要么必须遵守该许可证的条款要么放弃该许可证的利益。

如果这个观点看起来很折磨人，也许它本就如此。“许可而非合同”的立场是20世纪90年代与GPLv2.0一起创立的。20世纪90年代初，关于在线合同订立的法律问题仍未得到解决。传统上，签订合同需要书面签名——这是表示接受合同条款的方式。但随着软件业的发展，软件开发商试图为大众市场制定不需要纸质文件和签名的许可协议条款。到了20世纪90年代，使用“拆封许可”或点击接受许可已经成为惯例，但法院对这些方法所订立合同的效力仍未予以确认。直到1996年，法院发表了一个具有里程碑意义的意见，对该等未签署协议的效力予以支持。[1]但许可方要以这种方式订立合同仍然需要跨越某些障碍，如采用一个迫使被许可方采取“我接受”行为的安装程序或下载器。开源软件通常是在没有任何此类技术机制的情况下从一个接收者传递到另一个接收者，所以许可条款需要不必订立合同即有法律约束力。附条件许可模式在这方面表现良好，因为其权力来自版权法，无论被许可方在何处、何时、如何使用该软件，或不管被许可方的身份和被许可方接收软件的方式是什么，版权法赋予许可方排除软件的特定使用的权力。

5.4 附条件许可模式的含义

附条件许可模式有两层主要含义。首先，该模式提供了与合同模式不同的救济措施。其次，附条件许可模式并未在再分发者及其接收者之间建立合同关系（称为**合同相对性，privity of contract**），因此将该等权利和义务的维权赋予该软件的原作者。

---

1 ProCD v. Zeidenberg, 86 F.3d 1447 (7th Cir. 1996).

1. 救济措施

版权侵权和违约的救济措施有很大差异。在美国，版权侵权的损害赔偿是“因侵权行为而遭受的实际损害，以及侵权人的所有利润。在确定该侵权人获得的利润时，该版权人只需提交该侵权人总收入的证据，而该侵权人则需证明他 / 她的可扣除费用及可归因于非版权作品因素的利润要素”。[1] 该版权原告还可以选择“法院认为公正的”每件版权作品 750 ～ 30 000 美元的“法定赔偿”。如果原告证明该侵权行为是故意的，则该等赔偿可提高至 15 万美元。只有及时在版权局进行作品登记的情况下，才能获得法定损害赔偿。

相比之下，合同法只允许受害方寻求补偿性赔偿（惩罚性赔偿在合同法中极为罕见[2]）。该等损害赔偿侧重于经济损害，且不包括对精神损害和疼痛及痛苦的赔偿（这是侵权法的概念）。如果您违反了一个合同，您可能需要支付预期损害赔偿（另一方预期从该合同中获得的利润）、间接损害赔偿（因该违约造成的业务或声誉损失）或恢复原状（为避免该违约方不当得利的公平计算）。

版权还提供禁令作为救济措施。禁令是法院发出的停止该侵权行为的命令。当禁令可用时（如基于版权法），法院使用了一个包含 4 个因素的测试：① 原告胜诉可能性；② 如果没有禁令，是否会造成无法弥补的损害（即这种损害不能在未来用赔偿金进行充分补偿）；③ 原告因侵权遭受的损失与被告因禁令遭受的损害之间的权衡；④ 公共利益是否受到侵害。[3] 在合同诉讼中，禁令是一种适用场合很少的特殊救济措施。

如您所见，版权侵权赔偿金可能至少与违约赔偿金一样高，而且版权侵权救济措施还增加了法定赔偿和禁令。这在开源许可中很关键，因为可能很难证明开源许可受到侵害带来的经济损失。开源许可方系免许可费提供其软件，因此对许可方的损害来自违反了开源许可证的条件（主要是声明和提供源代码）。

1　17 USC 504.

2　*Restatement (Second) of Contracts*, §355.

3　Metro-Goldwyn Mayer, Inc. v. 007 Safety Products, Inc., 183 F.3d 10, 15 n.2 (1st Cir. 1999).

可能很难就未能满足这些条件而给许可方造成的损害进行经济评估，而且版权法还允许许可方选择其他救济措施。因此，放弃要求合同损害赔偿对许可方来说并非真正的损失。

病毒模式的基础是假设特定履行可以作为合同救济措施。对于一个开源许可证而言，要实现这一点，需要订立合同，交付源代码的条件需解读为被许可方的合同义务，最重要的是，法院将需要判决对这些义务进行特定履行。但从上文分析可以看出，这种情况永远不会发生。任何基于著佐权许可证的被许可方都不会被责令发布源代码。这种特定履行方式恰恰无法得到法律支持。而版权法根本就没有提供这样的救济措施。因此，对于违反开源许可证的行为，该救济措施毫无依据。

2. 相对性

附条件许可模式的第二个推论是，许可方（或版权人）与就许可证条件进行维权的人为同一人。这导致了一个有点反直觉的范式：如果有人拿了 GPL 代码、对其进行了修改，并拒绝向二进制接收者提供修改后的源代码，则接收者无法进行法律主张。相反，该 GPL 代码的许可方才有权提出主张。

在美国，只有版权人或独占的被许可方才有资格提起版权侵权诉讼。[1] 附条件许可模式使许可方可以在未事先确定被许可方的情况下进行维权。如果把开源许可证作为合同来进行维权，则该版权人进行维权时可能需要分发渠道的合作。所有合同均在接收者和分发者（而非原始许可方）之间订立。再分发者可能没有动力就许可证条件进行维权，或者为了商业利益而有选择地进行维权，所以相较于合同模式，附条件许可模式赋予了该开源软件作者更多权力。

1 17 USC Section 501(b) says, "The legal or beneficial owner of an exclusive right under a copyright is entitled ... to institute an action for any infringement of that particular right committed while he or she is the owner of it." Courts have held this statement to be exclusive under the doctrine of expressio unius est exclusio alterius. See, for example, Silvers v. SonyPictures Entertainment, Inc., 402 F.3d 881 (9th Cir. 2005) (en banc).

上文的分析足以帮您理解病毒的谬误和您需要了解的与附条件许可有关的内容。本章其余部分包含了一些更详尽的法律分析，供对关于该问题的法律细节感兴趣的读者参考。

5.5　合同订立

如上所述，大多数 GPL 许可方更愿意将侵权行为视为版权侵权而非合同违约。但是，那些说开源许可证绝对“不是合同”的人可能也错了。在许多情况下则恰恰相反，要证明合同已订立可能很容易，但要证明合同主体及合同如何订立却可能很复杂。

如果有人试图证明合同已订立，则可以支持该观点的证据有很多。大多数开源许可证的明示条款表明，该文档是一份合同。大多数开源许可证都包含只适用于《美国统一商法典》（the Uniform Commercial Code，UCC）第 2 条所规定的货物销售合同的 UCC 担保免责声明，如 GPLv2.0 第 11 条。如果 GPLv2.0 第 5 条声明的“表明您已接受本许可证”成立，便订立了一个合同（假设已经有了要约和对价）。但最重要的是，该等条款接受的相关情况往往可能足以支持合同订立。[1] 如果该软件可供下载，显然已经有了要约。对价也很充分——该许可方已提出放弃侵权诉讼，而该被许可方必须遵守（开源许可证的）条件。合同订立的唯一挑战是承诺，而 UCC 规定承诺可以通过“包括双方承认该合同存在的行为”来表示。该行为证明起来也很容易。

那么，显而易见的问题是，如果这么容易通过行为来表示承诺，那么为什么在 ProCD 案之前会有这么多的不确定性呢？要知道，开源许可证的范围与最终用户许可协议（End User License Agreement，EULA）的范围有很大不同。因此，专有软件和开源软件的接收者规避许可条款的动机迥异。

1　UCC Article 2, Section 1-204.

合法拥有软件副本的人有权创建备份副本（根据《美国法典》第17卷第1117节（a）款2项）以及运行该软件所需的临时副本（根据《美国法典》第17卷第1117节（a）款1项）。此外，根据背景法，购买软件副本的人可以援引首次销售原则（根据《美国法典》第17卷第109节），创建对该软件进行反向工程（在某些特定情况下，该使用为合理使用）的必要副本，并根据UCC第2条316节享有某些默示担保。[1]然而，这一切都可以通过合同来改变。因此，最终用户有规避签订许可合同的动机。

如果您阅读一个典型的最终用户许可协议，您将发现这些活动许多或大多都是“被允许的”。当然，这些活动并不需要被允许，因为版权法一开始便规定这些活动并不侵犯版权。请记住，许可证只不过是对知识产权侵权行为不提起诉讼的允诺。大多数最终用户许可协议禁止反向工程，免除许可方的责任，并限制被许可方享有的担保。因此，如果最终用户接受了该合同，则其处境会更糟。

但那些想行使除单纯使用权之外的权利的人，处境则不同，他们没有分发或修改软件的权利。因此，如果软件接收者想享有这些权利，就必须获取一份许可。这便是开源订立之争为何没有像20世纪90年代EULA那样出现的原因。正如我们所见，许可方几乎不需要进行违约之诉，但被许可方却需要该许可。

然而，如果认为开源被许可方永远没有合同救济措施则不明智。事实上，针对违反开源许可证的行为提起的往往是（无论对错）违约之诉。[2]

当然，之所以问GPL是一个许可还是合同基于的是它必须是其中之一的假设。显然，GPL是一个许可，但它可能是也可能不是一个合同。一份书面文档本身并不是一个合同；该文档可能包含合同条款，但合同是通过行为订立

1 Sega v. Accolade, 977 F.2d 1510 (9th Cir. 1992).

2 See Progress Software Corp. v. MySQL AB, 195 F. Supp. 2d 328 (D. Mass. 2002); and MontaVista Software, Inc. v. Lineo, Inc., No. 2:02 CV-0309J (D. Utah filed July 23, 2002). See also Artifex v. Hancom, discussed in Chapter 19.

的。无论是在虚线上签字、点击“我接受”，还是下载软件，合同都是通过要约、承诺和对价订立的——开源许可不会改变这一点。

5.6　根除病毒

长期以来，我一直留意寻找病毒模式的正式法律依据。我发现的唯一法律依据是皮克特诉普林斯案[1]和 安德森诉史泰龙案[2]。这两个案例都讨论了未经授权的衍生作品不受版权保护这一原则。

但这两个案例所涉事实与典型的 GPL 合规问题差异很大。首先，在这两个案例中，侵权衍生作品可能没有达到法律保护所必需的创造性门槛高度。法律把这个门槛定得很低。任何具有商业价值的专有代码都很容易达到这个门槛。其次，在这两个案例中，侵权衍生作品的原告均试图起诉被侵权原作品的作者——这需要一些老式厚脸皮。这些事实无法就如下情况进行合理推断：一个被不适当地与 GPL 软件模块合并的专有软件模块的开发者，试图就第三方实施其在该专有代码中的权利单独进行维权。类似情况是，一个专有软件开发者拿了一段 GPL 代码并修改了其中一行，随后便起诉该 GPL 作者版权侵权——这简直是无稽之谈。

最后，这些案例（即使支持未经授权的衍生作品不受版权保护的原则）表明，该专有作品将进入公有领域，而不是受 GPL 的约束。该专有作品受 GPL 约束确实是个非常可怕的结果——所幸根本没有得到法律支持。

1　Pickett v. Prince, 207 F.3d 402 (7th Cir. 2000).

2　Anderson v. Stallone, 11 USPQ2D 1161(C.D.Cal. 1989).

第 6 章

什么是分发？

大多数开源许可证的条件——要求提供声明、提供源代码或只能基于相同条款进行再分发——都是通过分发触发的。对于几乎所有开源许可证而言，如果您不再分发该软件，则您无须满足任何条件就可以行使该许可。但是，什么是分发？二十年前，这个问题的答案很简单，但现在却逐年变难了。

6.1 美国术语

GPL 本质上是一种没有法律适用条款的附条件版权许可。因此，从理论上讲，只有被许可方本地版权法规定的行为才能触发其著佐权条件的适用。在美国，版权的核心商业权利被称作**分发**（distribution）或**出版**（publication）。因此，在美国，触发了著佐权条件的是什么，与版权法规定的分发是什么是完全相同的问题。

2007 年发布的 GPLv3.0 试图通过使用**传播**（propagate）和**发布**（convey）等中性词，使其术语国际化以适应分发概念的本地变化。与其后继者不同，GPLv2.0 特别将分发指定为著佐权条件的触发器。GPLv2.0 仍被广泛采用，特别是它仍然是一个适用于 Linux 内核的许可证——因此，什么构成 GPLv2.0 下的分发的问题依然存在于开源世界中。

分发虽然是美国法律中列举的版权权利之一，但在《美国版权法》（《美国法典》第 17 卷）中却没有进行定义。第 17 卷赋予版权人“通过销售或其他所有权转让方式，或通过出租、租赁或出借方式向公众分发……版权作品副本”的专有权。[1] 该法规定，“为进一步分发、公开表演或公开展示目的，面向公众提供分发副本……构成出版。”[2] 但这儿并没有定义**分发**（distribution）。如果法规条款的字面含义含糊不清，根据法律解释规则，我们可以参考该法规的立法历史。1976 年的《众议院报告》（这是国会为支持相关版权法规而制定的一份立法依据文件[3]），也没有对**分发**（distribution）进行定义，但却以否定的形式对**出版**（publication）进行了定义：“所有物质载体不转手的传播形式（例如在电视上的表演或展示）都不是出版。”[4] 后来的判例法将分发与出版等同。[5]

《美国版权法》第 106 节第（3）款规定，版权人享有“通过销售或以其他所有权转让方式，或通过出租、租赁或出借方式面向公众分发版权作品副本或录音带”的专有权。换言之，版权人享有公开销售、赠送、出租、出借其作品的任何物质载体的专有权。[6] 正如本条的立法历史所示，**分发**（distribution）的定义“与《美国版权法》中第 101 节中**出版**（publication）的定义几乎一致”。[7] 因此，从本质上讲，专有分发权是指控制该作品出版的权利。

6.2　确定分发的时间点

在美国，**分发**（distribution）指的是向他人提供**有形副本**（tangible

1　17 U.S.C. Section 106(3).

2　17 U.S.C. Section 101.

3　H.R. Rep. No. 94–1476.

4　H.R. Rep. No. 94–1476, at 138, reprinted in 1976 USCCAN 5754.

5　Harper & Row Publs., Inc. v. Nation Enters., 471 U.S. 539, 552 (1985).

6　National Car Rental Sys., Inc. v. Computer Assocs. Int' l, Inc., 991 F.2d 426, 430 (8th Cir. 1993).

7　Reg. Supp. Rep., p. 19.

copy）。什么构成分发的问题就变成了两个问题。什么是有形副本，什么是**他人（another person）**？

该作品转移必须“面向公众”进行，才能触发《美国版权法》中分发的定义。在**面向公众（to the public）**这一短语没有法定定义的情况下，法院认为，“将原稿内容传达给一个明确选定的群体并用于限定目的，而且没有传播、复制、分发或销售的权利”的“有限”分发并不是面向公众进行的分发。[1]

换言之，如果分发不是（1）向限定群体提供;（2）用于限定目的;（3）“没有传播、复制、分发或销售的权利”，那么该分发就是“常规的”出版。《美国版权法》的立法历史明确指出，“如果为进一步分发、公开表演或公开展示，而面向批发商、广播公司、电影院等群体提供副本或录音带时，则为出版。”[2] 因此，即使该作品被分发给一个自然人或实体，如果该接收者可以自由地传播、复制、分发或销售该作品副本，则该出版就是常规的（出版）。

在当代信息技术的世界中，许多行为与副本转移相差无几，以至于对分发定义的界限造成了挑战。正是这些行为致使实施 GPL 合规日常战略的公司对什么是基于 GPL 的分发问题产生了极大兴趣。

从该问题开始，最明显的商业场景是分布式（distributed）本地部署产品。无论该产品是否仅为软件或同时还是一个硬件产品，商务人士明白销售产品和产品转手意味着什么。因此，试图遵守像 GPLv2.0 这样的开源许可证的公司在评估那些他们认为不属于商业分发但依据法律可能构成分发的商业场景活动时，会遇到更多困难。本章将从最清晰的到最模糊的法律问题的角度讨论其他商业场景。

1 White v. Kimmell, 94 F. Supp. 502, 505 (S.D. Cal. 1950); Data Cash Sys., Inc. v. JS&A Group, Inc., 628 F.2d 1038, 1042–43 (7th Cir. 1980) (concluding that “a ‘limited publication’ is really in the eyes of the law no publication at all”).

2 H.R. Rep. No. 94–1476, at 138 (1976).

6.3 关于云的清晰场景

公司常常想知道软件传播（transmission）或远程使用（有时被称作SaaS模式，或云计算）是否构成分发。

虽然这是自由软件许可中最具争议的方面之一，但根据美国的法律，这对于GPLv2.0而言并不是一个难以解释的问题。自由软件倡导者早就认识到，如果著佐权条件的触发器是分发，那么日益流行的云计算模式将会规避这些要求。这有时被称作“SaaS漏洞”（SaaS loophole）。“ASP漏洞”（ASP loophole，其中ASP指应用服务提供商，Application Service Provider）指的是一个在20世纪90年代和21世纪初很流行但现在已经过时的术语，即现在所谓的SaaS漏洞，ASP漏洞的提出经常被记在理查德·斯托曼名下，但这可能不准确，2007年4月3日在*Groklaw*杂志对斯托曼先生的采访中，他说这个词有误导性。

这个问题在GPLv3.0起草过程中曾引发过很大的争议。有一次，有人提出了一个GPLv3.0变体，该变体允许作者选择一个导致在线使用触发著佐权条件的选项。该变体最终被从GPLv3.0中删除，并以另一种被称作Affero GPL的许可证形式保留下来。GPLv3.0的基本形式明确指出，使用ASP或SaaS不会触发著佐权条件。在GPLv3.0中，著佐权是通过**发布（conveying）**而非分发来触发的，“‘发布’作品是指使其他方能够制作或接收副本的任何形式的传播。仅通过计算机网络与用户交互，但没有转移副本，不属于发布”（参见GPLv3.0，第0条，定义）。

根据美国的法律，分发要求副本（无论以什么形式）发生了实际转移。因此，根据美国的法律，使用SaaS（涉及不将本地副本转移给用户的软件访问）并不触发GPL的著佐权条件。值得考虑的是，即使在SaaS的实现中，也可能分发某些组件。今天，大多数SaaS仅通过浏览器完成，因此客户端软件不再是使用SaaS的常见要求。然而，总有例外，最主要的是JavaScript或移动应用程序。请记住，这些通常是明确分发的，而且会受著佐权要求的约束。

6.4 临界场景

抛开分布式产品（显然构成分发）和纯 SaaS 部署（不构成分发）这两个相对清晰的商业场景，我们再来看一些临界场景，这些场景也是常见商业活动中可能出现的情况，但并不能完全属于分发或非分发。

员工。虽然公司经常担心这种情况发生，但这种情况并不难处理。客户经常会问，公司的"内部分发"是否会触发著佐权条件。然而，根据法律规定，因为将公司及其员工视作一个法人，故并不存在所谓的内部分发。因此，一名员工在履职过程中向同一公司的另一名员工提供软件副本，显然不属于分发；虽然可能转移了副本，但并未向他人转移。自由软件倡导者有时将此情况称为提供**私有副本**（private copies）。

独立承包商——个人。公司往往将个人作为独立承包商而不是雇员来聘用。新兴的成长型公司尤其如此，以规避与雇用员工有关的监管的间接成本（如就业税）。在这种情况下，承包商的职能与雇员的职能几乎相同；但是，由于承包商并非雇员，向承包商提供软件副本可被视作分发。这是 GPLv2.0 解释中比较棘手的领域之一，下文将详细讨论。

独立承包商——咨询公司。公司经常雇用小型咨询公司来开发、测试或维护软件。这些咨询实体通常由几个人组成一个团队，但他们与公司的职能关系类似于个人咨询师或雇员。从法律上讲，小型咨询公司中的个人并不是该公司的员工，因此，向他们提供副本很可能构成分发。但是，有观点认为，该等副本并不是为了面向公众提供，故转移该等副本并不是出版，因此也不是发布。这种观点虽然存在风险，但可能会获得法律支持（特别是在如果有说明当事人意图的书面咨询协议支持的情况下）。从法律意义上讲，这种商业场景与聘用个人承包商非常相似。

独立承包商——外包。大公司往往将诸如软件开发或软件维护的整个业务外包。外包商显然是独立的公司而非雇员，因此向他们提供副本显然是向该公司以外的人提供副本。然而，一些外包公司提供在客户拥有或控制的服务器和设备上工作的“驻派”员工。在这种情况下，信息科技公司可以合理地辩称，向这些人提供的副本没有被转移到公司控制之外。但是，对于在美国境外的外包商（大多数外包商都在美国境外）来说，该抗辩可能会不太成功。哪个法律体系决定什么是基于 GPL 的分发的国际分歧可能会使其不清晰。

云提供商。随着亚马逊 Web 服务等云计算服务的兴起，企业担心将软件上传到云服务是否为分发。虽然就该问题存在一些争议，但答案是：可能不是分发。虽然从字面上看这么做是将副本转移到云服务提供商的计算机设备上，但该副本所在的虚拟空间是由该公司用户控制的；云服务协议一般不会允许云服务提供商对云账户中存储的信息进行任何控制。那么，任何副本转移，都不属于版权法中的“常规情况”。

子公司和关联公司。出于通过当地实体在其他国家开展业务或从事某项业务的需要，公司经常出于各种战略原因（如税收规划）建立关联机构来开展业务。例如，某公司可能会使用其为自身目的修改的 Linux 内核副本来运行在线服务。为提供本地服务，该公司可能会把这个修改过的内核提供给其欧洲或中国子公司或关联机构。出于税收、监管或其他原因，将业务服务器设在欧洲或中国等国家或地区可能很重要。如果该接收实体是该公司的全资子公司，则该公司就会有这样一个很好的抗辩，即由于所有权唯一，该副本系只给了公司自身的**私有副本**（private copy），因此并没有进行分发。对于控股关联公司来说，因为母公司对关联公司进行了实际控制（此外，由于 GPL 的著佐权条件仅允许二进制接收者寻求源代码副本，当该接收者是控股关联机构时，这个问题可能没有意义；该接收者根本不会提出这个请求），因此该观点同样相当有力。 但是，如果该接收者系非控股关联公司，则该公司就分发是否发生的问题将面临较严重的质疑。这种情况很常见，特别是对在其境内经营企业的外国所有权进行严格限制的地区，公司除了建立少数人拥有的经营实体外别无选择。

并购。美国法律在并购相关转让问题上的法律实践可能古怪且反常。当合同一方将其权利转让给另一方时，即发生合同（或许可）的转让。因此，举例来说，如果一家公司与另一方签订协议，它可以将该协议转让给另一家公司——这取决于该协议对此有何规定。根据美国的法律，通常认为合同是可以转让的（转让会改变合同基本性质的特殊类型合同除外，如个人服务合同或需求合同）。[1]但知识产权许可则受不同规则的制约。一般来说，非排他性的版权和专利许可是不可转让的。[2]因此，如果一家公司获得了一项专利的非排他许可，除非该许可协议中明确允许转让，否则不能将该许可转让给另一家公司。更为复杂的是，有些法院认为，收购（即使是目标实体存续的反向三角合并这样的交易）也可以是依法进行的转让。即使被许可方在收购前、后都是同一个公司，交易后该许可也可能无法行使。这条法律规则也可能会影响分发的定义。如果控制权变更是依法进行的转让，那么人们可以从逻辑上得出结论，这也构成了向另一个实体提供副本及触发著佐权义务的分发。还请记住，某些形式的并购交易（如资产出售）显然是转让，也可能构成基于 GPLv2.0 的分发。

产品化。这个商业场景虽然从法律角度来看并不复杂，但对于管理开源合规的公司却是一个常见的陷阱，因此在任何与分发问题有关的讨论中都值得一提。提供 SaaS 解决方案的公司倾向于靠其不分发产品的

1 See *Restatement (Second) Contracts*, Section 317.

2 For patent, see PPG Indus. Inv. v. Guardian Indus. Corp., 597 F.2d 1090 (6th Cir. 1979). For copyright, although the law is conflicting see, e.g., SQL Solutions, Inc. v. Oracle Corp., 1991 U.S. Dist. LEXIS 21097 (N.D. Cal. 1991). This is an unpublished decision and arguably contrary to the California Supreme Court's view in Trubowich v. Riverbank Canning Co., 182 P.2d 182 (Cal. 1947).

事实来确保其 GPL 的合规性。这种做法仅仅避开了像 Affero GPL 这样即使没有分发也有要求的许可证。然而，这个策略可能是危险的。对于一个不注重法律和技术细节的业务开发经理而言，很容易导致交易越过是否分发的界线。例如，一家拥有 SaaS 产品的公司可能会接触到在高度监管市场（如医疗保健或金融服务）中运营的客户，该客户会坚持要求通过在客户场所或客户控制的服务器上的私有实例来操作该 SaaS 产品。这种需求通常出于对安全或监管审计的考虑。从业务角度来看，SaaS 产品的私有实例是一个技术细节，但向客户提供副本将可能构成分发。如果公司的开源合规策略取决于避免在 SaaS 模式下进行分发，那么该公司可能会发现其无法在任何合理时间内交付合规的产品（通常是因为它混合了 GPL 和非 GPL 兼容的代码，或者未恰当跟踪产品中的开源元素）。

鉴于这些临界场景，我们现在转向 GPLv2.0 含义的外部证据和管理分发问题的最佳实践。

6.5 FSF 的观点

自由软件基金会（FSF）发布的 GPLv2.0 FAQ 提供了其认为什么是会触发著佐权条件的分发的观点。例如：

> 在一个组织或公司内部制作和使用多份副本，是否属于“分发”？
>
> 不，在这种情况下，该组织仅为自己制作副本。因此，一个公司或其他组织可以开发一个修改版本，并通过自身设施安装该版本，并禁止其员工对外发布该修改版本。
>
> 然而，当该组织将副本转移给其他组织或个人时，即为分发。**特别是，向缔约方提供供其在场外使用的副本属于分发**[1]。

该 FAQ 还讨论了组织与控股子公司之间的转移问题。

1　同样的 FAQ 也出现在 GPLv3.0 中。

将副本转移到过半数持股、控股的子公司是否构成分发？

将副本转入或转出该子公司是否构成分发的问题将根据适用法域的版权法个案认定。GPL 不会也不能凌驾于当地法律之上。《美国版权法》在这一点上并不十分明确，**但似乎并没考虑这种分发**。

如果某些国家将此认作分发，且该子公司必须获得再分发该程序的权利，便不会造成实际差异。该子公司是由其母公司控制的；无论该子公司是否有权利，除非母公司决定对该程序进行再分发，否则该子公司不会这么做。[1]

在该 FAQ 中，FSF 承认，至少在美国，从一个过半数持股和过半数控股的子公司的转入或转出可能不构成分发。此外，FSF 为分析目的，在确定两个实体实际上是否为一个实体时很重视一个组织对另一组织的有效控制。

在 GPLv2.0 的 FAQ 中也有关于根据保密协议提供 GPL 代码修改的讨论。

GPL 是否允许我基于保密协议开发修改版本？

是的。例如，您可以接受一份开发修改版本的合同，且在客户同意之前不发布您的修改版本。这是允许的，因为在这种情况下，基于保密协议（Non-Disclosure Agreement，NDA）并没有分发 GPL 所涵盖的代码。

您也可以基于 GPL 向该客户发布您的修改版本，但在客户同意之前不向其他任何人发布。在这种情况下，基于 NDA 或任何附加限制，也不构成 GPL 所涵盖代码的分发。

GPL 将赋予该客户再分发您的版本的权利。在这种情况下，该客户虽然拥有该权利，但可能会选择不行使该权利。[2]

很多公司觉得这个 FAQ 令人困惑从而感觉该分发问题也令人不解。在这个 FAQ 中，FSF 考虑了两种不同的情况：第一，该承包商根据该客户指示面向公众发布修改后的代码；第二，该承包商基于 GPL 向该客户发布修改后的代码，且该承包商承诺不让其他任何人发布修改后的代码。遗憾的是，该 FAQ 部分并没有说明“修改版本”是指该承包商对自身拥有的 GPL 代码的修改，或对可能已被该客户修改的 GPL 代码的修改，还是对第三方代码的修改。显

1 这个同样的 FAQ 也出现在 GPLv3.0 中。

2 这个同样的 FAQ 也出现在 GPLv3.0 中。

然，这 3 种情况可以分别分析。如果该 FAQ 指的是该客户或该承包商拥有的 GPL 代码，则该问题微不足道：很显然，因作者（作为许可方）不受 GPL 著佐权义务的约束（只有被许可方受其约束），因此所有人可以选择按照 GPL 条款交付 GPL 代码或不按照 GPL 条款交付 GPL 代码。如果 FAQ 指的是对第三方代码的修改，这意味着即使交付原始代码也构成分发，该分发也不会触发 GPL 的著佐权义务。

FSF 发布的其他信息表明，该 FAQ 内容并不意在指向第三方代码的情况。但这是迄今为止最常见的情况：一家公司想使用某些 GPL 代码但需要进行修改，于是该公司找到愿意以合同形式进行修改的代码专家。事实上，这种情况非常普遍，甚至被作为开源软件的优势之一进行宣传。但该公司可能从不打算分发该软件，因此，如果向该顾问提供代码是触发著佐权条件的分发，则该公司很可能不愿意聘用该顾问。

FSF 的观点有点问题，原因有二。第一，有一个实际问题：雇用顾问的公司与内部开发和承包商开发的商业场景并无二致，他们并不希望基于这种区分而面临完全不同的 GPL 合规境遇，因为 FSF 的观点违背了商业预期，对粗心的人来说这是个陷阱。第二，有一个法律问题：以开发为目的提供代码更类似于“将原稿内容传达给严格选定的群体，并用于限定目的，并且没有传播、复制、分发或销售的权利”（即不是版权法下的出版），而不是通常的再分发或出版的概念。因此，有充分的理由认为，这种转移不属于法律规定的分发。

6.6　国际视角

要知道，这里所分析的分发问题大部分是美国法律所特有的。因为 GPLv2.0 没有法律适用条款，并且是一个附条件的版权许可，所以它只适用于受当地版权法保护的范围。全面讨论国际版权法原则对该问题的影响超出了本章内容讨论的范畴，但该问题在美国之外似乎可能会有不同的答案。经《世界知识产权组织版权条约》扩充的《保护文学和艺术作品伯尔尼公约》规定了“提供”文学作品的权利（译者注：《世界知识产权组织版权条约》是《保护文学和艺术作品伯尔尼公约》第20条意义下的专门协定）。这可能比美国的分发概念更广泛，最重要的是，它可以包括SaaS产品（offerings）。因此，基于美国境外行为触发著佐权义务的门槛可能要比基于美国境内行为触发著佐权义务的门槛低。

6.7 合同起草和交易结构的最佳实践

在私人执业律师等待普通法对分发问题做出澄清的过程中，他们可能会实施起草和采用结构化做法以厘清其客户意图，或尽量减少在以后法院宣布对分发问题做出裁决时结果的不确定性。如果法院做出相反的判决，这种做法虽然不能解决所有分发问题，但可能有助于反驳原告诉求、提供主观意图证据，或减少那些没有直接参与交易的人后续被要求评估分发问题时的混乱。

1. 开发协议

为避免在开发活动是否构成分发的问题上产生混淆，您可以考虑在开发协议中加入以下文字。

> **承包商只能在客户控制的系统和设备上进行开发服务。**这一措辞将工作限制在客户控制的服务器上。这将解决是否产生分发的问题，理论上讲，即使该承包商是一个独立的人，也没有转移该软件副本。
>
> **承包商知悉，其仅为客户利益并仅按照客户指示进行开发服务，且不得将软件的任何副本提供给其他任何个人或实体。**这一措辞规定，该副本是私有的，从而解决了FSF的FAQ中所说的构成分发的问题。

这些办法因与开发协议中的常规保密条款和“雇佣作品”条款相符而具有吸引力，前述条款通常规定了客户对开发活动的控制权，以根据“创造性非暴力社区”诉里德案来支持将该作品作为“雇佣作品”处理。[1]

2. 并购

避免交付 GPL 软件。特别是在资产购买交易中，确定是否存在更好的让买方直接下载原始源代码或第三方源代码的合理方法来避免交付开源软件包。该方法在交付属于卖方的驱动程序或其他重要原始代码的情况下非常有用。该方法在卖方交付集成修改版本的情况下就没有用了。在这种情况下，卖方将只交付其增加的内容，买方将单独接收第三方开源代码。显然，如果在第三方开源代码被广泛修改的情况下，这种策略可能因很难将卖方代码与第三方代码分开而不可行。然而，在这个问题上，非常保守的公司可能只提供差异（diffs）或补丁，从而避免交付任何第三方 GPL 代码。请记住，分发通常是卖方而不是买方要考虑的问题。因此，由卖方实体的所有资产组成的资产购买可能会使这一问题变得不切实际，但卖方剥离部分资产、业务线或产品线可能会导致卖方对 GPL 分发产生顾虑。希望出售自身代码的卖方可能会发现，如果必须基于 GPL 交付该代码，则买方可能不愿意为该代码付费。

3. SaaS 协议

避免将 SaaS 与分发混为一谈的起草方式。SaaS 协议主要并不是许可证，而是服务协议。有时，作为分布式软件业务前身的产物，SaaS 协议的起草方式非常像分布式软件许可证，因此很难对二者进行区分。虽然分发问题可能主要取决于供应商的行为，而不仅仅是文件起草，但最好不要因使用一个读起来像是涵盖了分布式产品的 SaaS 协议而损害您的利益。

---

1 Community for Creative Non-Violence v. Reid, 490 U.S. 730 (1989), held that the factors for determining whether a work of authorship is a work made for hire (owned by the company) or not (owned not by the company but by the author) are, among others, the level of skill required to create the work, the source of the tools used in creating the work, where the work was created, the duration of the relationship between customer and author, the extent of the contractor's discretion over when and how long to work, and whether the work is part of the regular business of the customer or consultant. Therefore, many consulting agreements recite where work will be performed, as well as other facts that might bear on whether distribution has occurred.

4. 关联公司之间的协议

阐明不分发的意图。公司实体不妨在关联公司之间的软件协议中澄清不分发的意图，这与上文就咨询或开发协议所建议的方式很相似。这一点似乎显而易见，但事实上，关联公司之间的技术许可往往并非由科技法律师起草。相反，关联公司之间的协议并非为周密考虑知识产权问题起草，而是由税务律师或公司律师为管理应计税问题起草的。审查这些协议必须要考虑开源和知识产权问题。

6.8 一个持久谜题

美国联邦法院在短期内不可能回答这些分发相关的问题。迄今已经提起的开源维权诉讼并没有真正解决这些问题。鉴于其他一些顽固问题（如基于GPLv2.0衍生作品的范畴，以及专利法和开源许可的相互作用）在开源法律中仍不明确，因此解决争议的时机可能还不成熟。另外，大多数基于GPLv2.0发布代码的作者根本不关注公司之间的协议和并购等问题，其原因在于，这些人主要是技术专家而非企业战略专家。如果GPL作者通常并不打算在这些临界场景中行使其自身权利，那么可能没人会有兴趣提起可以在这个领域开创新法律的诉讼。因此，只要GPLv2.0仍然是一个被广泛采用的许可证，这些问题很可能会持续存在，而仅基于Linux内核的普遍性，这个过程终将漫长。评估开源合规的公司应确认其已识别出的最可能被质疑的分发类型，如此便可以放心使用开源软件，并以符合其开源合规战略的方式对其交易进行规划。

第 7 章
声明要求

声明和归属要求是开源许可中最挑战智力但最重要的部分之一。所有的（从最宽松的到最强著佐权的）开源许可证都要求进行许可声明。这些要求表面看来很简单，但任何试图为二进制产品创建声明文件的人都可以证明，这项任务具有挑战性且容易引发挫败感。他们不太理解如此简单的任务何以如此困难。但有一点是肯定的：如果一个再分发者没有使用恰当的许可声明，就会为开源许可方创造出一条主张并证明不合规的最简便途径。事实上，大多数与开源维权有关的诉讼均是基于没有提供声明提起的。

7.1 什么是许可声明?

发送声明的要求仅仅只是发送一个文本文件告知接收者发送给该接收者的软件中包含可以根据声明的许可证获得的特定开源软件。该声明也时常被作为有效的许可条款，但并不总是如此。

例如，如果一个产品是根据最终用户许可协议分发的，且包含了基于 BSD 许可证提供的第三方开源软件的某些元素，则该许可方必须向该软件接收者提供一份 BSD 许可证副本。但是，整个软件并不基于 BSD 进行许可。实际上，这个许可证声明的作用是告知该接收者其基于 BSD 直接从许可方那里获得该元素的许可，即使接收者并非基于 BSD 获得该软件。当然，宽松许可证没有交付源代码的要求，因此接收者可能并不知道从哪儿获得该源代码的副本。不过，接收者可以选择独自寻找副本。

对于著佐权许可证，许可声明的作用是告知接收者，该软件是由许可方基于这些许可条款直接提供的，或者对于 MPL 或 EPL 等弱著佐权许可证，该软件是基于这些条款提供源代码的。在 GPL 和 LGPL 等许可证情况下，二进制文件只能基于这些条款提供，所以这些许可证是该软件的有效许可条款。

大多数许可证还包括版权声明（如 Copyright 2019 XYZ, Inc.）。版权声明通常在许可证的顶部，但有些开源作者会省略版权声明。许可声明要求人们复制其所获得的内容，并不得增删。

7.2 如何创建许可声明

创建许可声明的确切形式同样具有挑战性。几乎所有的开源许可证都只需要发送许可证的文本文件。通常情况下，许可声明是以纯文本格式发送的。

不同的许可证要求发送声明的情况不同，示例如下。

MIT: “本软件的所有副本或重要部分均应包含上述版权声明和本许可声明。”

BSD: “以二进制形式再分发必须在随该分发提供的文件和 / 或其他材料中复制上述版权声明、本条件清单及以下免责声明。”

GPLv2.0: “您可以在任何介质上复制和分发您收到的本程序的源代码副本，但您必须以显著和恰当的方式在每份副本中都附有恰当的版权声明和免责声明；保留提及本许可证和无任何担保的所有声明；并将本许可证副本与本程序一起提供给本程序的其他所有接收者。”

- **Apache v2.0:** “（1）您必须向本作品或衍生作品的其他任何接收者提供本许可证副本……（3）您必须在您发布的任何衍生作品的源代码中，保留本作品源代码的所有版权、专利、商标和归属声明，但与本衍生

> 作品任何部分无关的声明除外；且（4）如果本作品分发时包括一个“**声明**”文本文件，则您分发任何衍生作品时，该声明文件（但与本衍生作品任何部分无关的声明除外）的至少以下地方之一必须包含归属声明的可读副本：作为本衍生作品的一部分分发的声明文本文件中；在与本衍生作品一起提供的源代码或文档中；或在本衍生作品生成的界面中（此类第三方声明通常出现的场景和地点）。声明文件的内容仅用于提供信息，且并不修改本许可证。您可以在您分发的衍生作品中附加自己的归属声明，并与本作品中的声明文本一起或作为其附录，但该附加归属声明不能被解释为对本许可证的修改。”

这些要求有不同的变体。例如，某些形式的BSD许可声明只要求随源代码发送，但并不要求随二进制文本发送。

然而，由于一个产品往往有许多开源组件，而每一个许可证都有不同的许可声明流程，这很难管理。因此，大多数寻求遵守开源声明要求的公司都制定了一个用于编写符合最严格的通用声明要求的内部流程，该（许可证）模型通常是GPL。

声明要求几乎总是要求发送整个许可证副本。有些许可证允许简略的声明形式。但是，对不同的许可证实施不同的内部程序也不切实际，所以大多数公司（无论是否需要），都为每一个开源许可证提供一份完整的许可证副本。

如果软件产品是以源代码形式交付的，则该声明通常是“内置的”。如果开发者为其产品下载一个开源组件，该许可文件通常包含在一个名为**license.txt**或**copy.txt**的文本文件中，该文件与该组件的源代码文件一起包含于下载包中。如果开发者只是简单地将所有的源代码文件与产品一起再分发，则通常不需要创建单独的许可声明。这是最优且最简单的方法。

然而，许多公司并不希望在前期提供源代码，原因有很多。通常，这么做不切实际。在某些情况下，公司反对在许可证没有要求的情况下（如BSD或MIT等宽松许可证）提供源代码。当许可证没有规定提供源代码的条件时，提供源代码便是一种选择而非要求。对于像GPL和LGPL这样的著佐权许可证以及 MPL 这样的弱著佐权许可证，并不要求附随每一个二进制文件提供其源代码。然而，有一个要求是要告知接收者其可以基于该著佐权许可证的条款获取源代码。在这种情况下，该开发者可以选择是否在二进制文件中预先包含源代码，但当他选择不这么做时，则必须准备一个单独的声明文件。正是因为需要创建该额外的许可声明文件，才给公司带来了这么多困扰。

因此，最简单且最佳的做法总是预先交付源代码。这么做不仅可以减少或消除准备许可声明的工作，而且还可以转移对必须基于著佐权许可证提供源代码的请求（不能完成这些请求则会导致不合规）。

如果产品是硬件产品，且软件是嵌入式的或没有用户界面，那么声明就很难发送出去。公司坚持认为他们应该能够通过互联网而非产品分发来发送声明。不幸的是，尽管这可能是一个便捷的解决方案，但并不符合大多数开源许可证的声明要求。开源许可证几乎总是要求与产品一起发送许可证的完整副本。如果产品是软件产品，这通常意味着该声明文件在产品下载包或分发介质（如 CD-ROM）中。如果产品是硬件产品，可能没有适合显示声明的用户交互屏幕，而且即便有屏幕，通过小屏幕阅读声明的体验也不太好。具有讽刺意味的是，尽管这在实际意义上可能并没有服务于用户，却通常是一种合规的做法。例如，如果您有一部智能手机，您可能很容易在这部智能手机中找到开源许可声明。然而，您会发现，很难在一个很小的屏幕上阅读数百页的声明。公司经常争辩说（并非没有道理），最好是将用户引导到任何可以以更友好的格式提供声明的网页上。不幸的是，大多数许可证并不这么要求。

不允许在线声明并要求复制整个许可证（即使几乎总是可以在网上获得开源许可证）背后的理论是，最初编写大多数许可证时，大多数人还没有接入互联网。当然，21 世纪，互联网访问已经无处不在。因此，最初要求发送整个许可证副本的原因可能已不再合乎时宜，但开源许可证条款并未改变。因此，在未来的许多年里，许多遗留的代码将基于不利用现代技术方式发送声明的许可证来分发。

有一种通过互联网发送许可声明的常见情况（合理且可能也合规），即发送互联网产品的许可声明。例如，JavaScript——一种在用户的浏览器中执行的语言，JavaScript 程序可以在用户的浏览器中以源代码形式执行，它的分发通常与 SaaS 和 Web 服务相关。很多 JavaScript 程序都基于开源许可证。当通过 Web 浏览器推送 JavaScript 程序时，提供一个可以使用户去寻找许可声明的链接是合理的。在这种情况下，除非用户已通过互联网访问该链接，否则无法将 JavaScript 程序分发给用户。虽然这可能与某些开源声明要求的字面条款相符或不符，但与其精神相符。

类似的边缘情况可能存在于只在联网时才工作的设备上，特别是没有用户界面的设备上。在这种情况下，通过网络链接发送声明将成为发送一套纸质声明或 CD-ROM 等电子介质声明（这两种方式的成本都很高）的替代方式。

最后，一旦公司决定了发送声明的流程，就必须注意保持声明的时效性。产品开源组件随时间推移而变化，声明必须同步更新。不幸的是，过期的许可声明非常普遍。

7.3　归属和广告要求

有些开源许可证的声明要求更加麻烦，例如要求“在用户手册中”提供声明——这在 20 年前是有意义的，但在单独的用户手册逐年变少的当下就没什么意义了。此外，有些许可证还包含了所谓的广告要求。Apache v1.0 第 3 条就包含以下规定。

> 再分发附带的最终用户文档（如有）必须包括以下声明：“本产品包括 Apache 软件基金会（http://www.apache.org/）开发的软件。或者，如果这类第三方致谢通常出现在软件中，那么该致谢也可以出现在软件中。”

这种“广告要求”已经因成本高、难以实现且与 GPL 不兼容而被摒弃。

OpenSSL 是基于这样的许可证而被保留了很多年的一个流行软件，该许可证第 3 条表述如下。

> 所有提及本软件功能或使用本软件的广告材料必须显示以下致谢：
>
> “本产品包括 OpenSSL 项目开发的用于 OpenSSL 工具包的软件（http: //www.openssl.org）。”

这样的要求可能很难解释。什么构成广告材料？任何指出该产品与 SSL 兼容的产品列表是否符合此定义？提到“功能”又是什么意思？在像 OpenSSL 这样的软件包中应用了具有其他实现的协议（SSL）的情况下，是提到 SSL 还是只提到 OpenSSL 实现中的特有功能就会触发该要求？这样的规定因含糊不清而不受欢迎（也不是开源许可的最佳实践），而且很快就过时了。

7.4 注意修改

开源许可证的一些声明要求常常被遗忘。例如，许多开源许可证要求开发者记录自己的修改。例如，GPLv2.0 规定：“您必须在修改的文件中附有醒目的修改声明及修改日期，说明您修改了本文件并标注了修改日期。”在实践中，仅需要一个名字和日期，并不用对修改进行描述。

其他一些许可证的修改声明要求与此不同且更加宽泛。这些要求表面看来可能很烦琐，无论许可证的要求如何，它们在历史上都被认为是良好的编程实践。然而，今天，大多数软件修改相关信息都以元数据的形式存储于并发版本系统（Concurrent Versions System，CVS）而非源代码注释中。因此，将这些信息作为声明要求并不太受工程师们欢迎。

7.5 自动化

在创建声明的烦琐任务中也有一些好消息。显然，这是一个适合自动化的领域。一些构建系统（如 Debian Linux 和安卓系统）包含帮助收集声明文件信息的功能。像黑鸭子软件或 FOSSA 这样的代码扫描工具生成的代码审计报告通常都可以摘出来用于许可声明。

虽然软件包数据交换（SoftWare Package Data eXchange，SPDX）项目的主要目的并不是解决声明的发送问题，但该项目却也有望帮助实现许可信息的自动化发送。这个项目是在 Linux 基金会的支持下进行的。SPDX 是一种用于许可信息交流的标准化格式。SPDX 虽然包含了对最终用户生成或检查声明文件很有用的与许可有关的有趣信息，但其主要是为了解决供应链（从一个开发者到另一个开发者）中的信息发送问题。这个问题超出了声明甚至该 SPDX 项目的范畴。就目前情况而言，开源软件的商业用户在供应链的每一层创建信息披露时都浪费了很多精力（关于这方面的更多内容，请参见第 17 章）。

大卫・马尔（David Marr）精辟描述了该问题：

> FOSS 存在于从第一个软件开发者创建软件一直到销售给最终用户的最终打包产品的供应链的各个层面。然而，在商业供应链的背景下，目前的 FOSS 生态系统是破碎的。如果把供应链比作一条小溪或一条河流，当软件沿着供应链向下流动时（即当软件从一家公司交付给下一家公司时），后续每个下游公司都在重复上游公司已经完成（或应该完成）的部分合规工作。这便付出了不必要的成本且效率很低，而且往往会延误（产品）上市时间。[1]

发布许可声明的挑战当然与发布许可信息的挑战相关。所有分发都需要许可声明（包括供应链中的每一个中间分发）。因此，在适用的开源许可证下，供应链上的每个供应商都有发送许可声明的义务，也有向客户发布许可信息实质内容的商业需要。虽然一个是许可证合规问题，另一个是信息管理问题，但这些问题的解决方案应该与一个标准化、合规化的流程吻合。

1　这一段评论来自马尔先生发给作者的电子邮件。马尔先生是著名的开源法律专家，也是 SPDX 项目的积极参与者。

第三部分

PART 3

进阶合规

第 8 章

GPLv2.0的边界之争

开源许可中最难解决也最有争议的一个法律问题就是 GPLv2.0 的范畴。当客户问到这个问题时，通常会使用“污染”这样的词，或者提到 GPL 的“病毒”本质。但为了使用更中性的语言，我将其称作**边界之争（border dispute）**，因为基本问题如下：GPL 包括什么又不包括什么？相较于完全独立的不必被 GPL 涵盖的部分而言，什么是许可证语言中的**基于本程序的作品（work based on the program）**？

GPL 的著佐权条件适用于基于许可证发布的原始作品（本“程序”）和“基于本程序”的作品。但 GPL 并不试图控制与本程序“仅仅聚合”的其他作品。在法学院，我们知道每次使用“仅仅”这个词都预示着循环逻辑即将出现，GPL 的分析也不例外。关于边界之争的文章已经不少，但很多文章只是宣传而非分析，所以理由并不充分。在分析 GPL 的范畴问题时，有必要知道谁就这个话题说了什么以及为什么这么说。但是，对这个话题的理性讨论考验人们对于指导许可证解释的原则的理解，这在其他话题中很少涉及。

专有软件开发者如果想避免违反 GPL，就会非常关注这个问题——这是对的。自由软件倡导者们倾向于忽视由这个话题所引发的专有软件开发者的担忧。有些人认为，开发专有软件一开始便存在道德瑕疵，这些顾虑是专有软件开发者自寻的——因此，他们认为这种顾虑不会困扰赤诚之心。但事实上，我们生活在一个开源软件和专有软件必须共存的世界里。而且，如今许多最大的开源项目主要是由开发专有软件的业内人士维护的。这些参与者需要知道他们的立场，知道什么必须是GPL和什么不需要GPL，二者的界线在哪，GPL在这个问题上的不确定性经常让他们感到沮丧。但更重要的也许是，正义要求一个社会的规则清晰易懂，否则只有那些具有神秘知识的人才能充分参与到社会中来。GPL是自由软件世界的宪法，所以在这个（自由软件）世界工作的人（甚至是那些想推广自由软件的人）会持续关注GPL中不清晰的问题。

根据经验，我几乎从未听客户说过想要违反GPL，但我听到过数百个客户说他们对避免违反GPL的必要条件深感困惑。针对这种顾虑，建议这些公司不要担心这些规则，直接把所有软件都基于GPL发布，这既不现实也不是开源软件的最佳实践。通常，民营企业想做也做不到，他们对股东负有赚钱的责任，且由于入站许可的限制，他们往往没有权利将所有软件都基于开源许可证发布。那些觉得这是道德错误、所有软件公司都应该是非营利实体的人并不相信私营企业的创造性价值，因此，他们扮演了兴起于20世纪90年代的反开源刻板印象派别的角色。事实上，大多数开源开发者、倡导者和支持者对这一话题都持中立态度，他们认为，对某些软件而言开源是一个很好的模式，而对其他软件而言则并非如此。就像法官们长期以来一直在思考知识产权保护和公有领域之间的平衡，以便更好地促进创新一样，也需要平衡开源许可证的范畴以最大化技术行业对开源的贡献。路径规则不清晰导致技术行业为了控制风险付出了额外的成本，私营公司认为，思考GPL范畴是开源软件权属总成本的隐性要素之一。

8.1　库和其他标准要素

为理解如何分析范畴问题，我们以一个简单但有用的软件例程时间函数为例。如果一个应用程序想要获取当前时间，可能会进行如下调用：

```
Time_t t=time(NULL);
```

如果语法看起来很奇怪，您也不必担心。这段代码做的事情非常简单。使用这行代码的程序是在使用 time 函数定义一个名为 *t* 的变量，并为这个变量填入当前时间。该程序一旦得到该时间信息，就可以在用户界面上显示时间、利用时间进行运算，或者实现其他任何利用时间信息的功能。显然，可能许多应用程序都需要利用这项基本功能。要做到这一点，该应用程序需要在运行时对包含该时间函数（time）的代码库进行系统调用。假设您正在编写一个日历应用程序——很显然，您需要知道当前时间和日期，并在该应用程序运行时经常更新。您的日历应用程序将频繁调用这个时间函数库。将这种情况转换成 GPL 范畴的问题，我们会问："基于 GPL，该日历应用程序和该时间函数库是两个程序还是一个程序？"

这其实是一道技巧题，通过回答这个问题，我们将看到实践中的 GPL 边界之争。换言之，我们正在根据 GPL 语言确定以下项哪项为真。

> 情况一：该应用程序和该库是同一个程序的一部分，因此两者都必须被 GPL 涵盖。
>
> 情况二：该应用程序和该库是不同的程序，因此如果其中一个（该库）被 GPL 涵盖，则另一个（该应用程序）不需要被 GPL 涵盖。

8.2　GPL 规定了什么？

涉及本问题的 GPL 语言聚焦于**基于本程序的作品（work based on the program）**这一短语上。本程序是指基于 GPL 发布的软件。GPL 设置了约束本程序或任何基于本程序的作品分发的条件。

第 0 条规定："如果版权人声明可以基于本通用公共许可证条款分发本程序或其他作品，则本许可证适用于任何包含了前述声明的程序或其他作品。下文中的'程序'指的是如上所有程序或作品，而'基于本程序的作品'指的是本程序或其任何版权法意义上的衍生作品：也就是说，包含本程序或本程序部分内容的作品，无论是原样包含还是经过修改和 / 或翻译成其他语言。”

第 2 条规定，“您可以对本程序的一个或几个副本，或者本程序的任何部分进行修改，以形成基于本程序的作品。”

第 2(b) 条规定，“您分发或出版的作品全部或部分包括本程序或其衍生作品，则整体上必须受本许可证条款的约束，并允许第三方免费使用。”该条款因规定了基于相同条款再许可的条件，可以被视为 GPL 的著佐权条款。

第 2 条还规定：“这些要求适用于修改后的整个作品。如果识别出其他作品的部分代码并非基于本程序生成，且这些代码本身可被合理认为是独立且单独的，当您将这部分代码作为独立作品进行分发时并不适用于本许可证及其条款。但是，当您把这部分代码作为整个作品的一部分分发时，即为基于本程序的作品，整个作品的分发必须遵守本许可证条款，而本许可证对其他被许可方的许可则扩展到该整个作品及其各个部分（无论其作者是谁）。

“因此，本节的目的并不在于对完全由您创作的作品主张权利或提出异议，而在于对基于本程序的衍生作品或集合作品（collective work）的分发进行控制。此外，[本节] 不会将其他作品纳入本许可证的范畴。”

第 5 条规定：“您并未签署本许可证，因此并不需要接受本许可证。但是，其他任何许可均不授予您修改或分发本程序或其衍生作品的权利。”

8.3　法院如何解释合同语言

此时，您知道前文提出的“time”问题的答案了吗？当然不知道。GPL 语言需要解释。

律师解释诸如合同、法规或规章等文件时，用的是古老而完善的规则。这些规则试图确定文件起草人在起草文件时的本意。虽然有些人称 GPL 是一个许可而不是合同，但并没有理由认为其解释规则会与法律中其他地方适用的规则不同。在下文中，我会用到《美国合同法重述（第二版）》和《美国统一商法典》阐述的这些规则。虽然合同通常会有一条适用美国某州法律的法律适用条款，但GPL并没有法律适用条款。通常认为软件许可属于《美国统一商法典》第2条的范畴，这些规则的解释规则与合同普通法一致。

最基本的合同解释规则即认为，首先要从文档字面语言辨别文档含义（将其理解为所见即所得）的**四角规则（four corners rule）**。另一个重要规则是**旁证规则（parol evidence rule）**，该规则认为，如果存在一份书面文件，就不能将该文件之前或与该文件同时的口头陈述作为本意的证据。另外，尽可能把一份文件作为一个整体来解释，并使文件的所有部分都生效。我们不能只挑选我们想用的部分，我们必须假定整个文件（其中的每一句话）都有意义。

这让我们想到一个重要观点：解释一份文件主要取决于该文件的字面客观含义，而不是别人对该文件的看法或评价。解释要经过一系列步骤。

首先，赋予文件中的特定词语普通、朴素的含义（比如其在字典中的含义）。如果字典中的定义仍然致使其含义含糊不清，那么我们就运用合同解释的其他规则来解决该含糊不清的问题。

这些规则超出了四角规则和字典定义的范畴。例如，一个行业或职业赋予某个词的含义（如果该含义在上下文中是合理的）优于该词的字典定义。显然，在计算机软件许可证中，技术含义非常重要。例如，GPL对源代码的规定如下：

> 对于一个可执行作品，完整的源代码是指它所包含的所有模块的所有源代码，加上所有相关的接口定义文件，再加上用于控制可执行文件编译和安装的脚本。然而，作为一个特殊例外，所分发的源代码不必包括通常随运行该可执行文件的操作系统主要组件（编译器、内核等）一起分发的任何部分（无论以源代码还是二进制形式），该组件本身是该可执行文件一部分的除外。

像**内核（kernel）**和**脚本（scripts）**这样的词在这里显然具有特殊含义。这些词指的并不是麦麸和电影对白。

其次，还有两个解释规则经常相互混淆：履行过程和贸易惯例。《美国合同法重述（第二版）》将履行过程描述为“任何一方当事人在知道履行性质的情况下重复履行的场景”。《美国统一商法典》将贸易惯例定义为“在某一地点、职业或行业中具有遵守的规律性，从而有理由预期所讨论的交易将遵守该惯例”。履行过程，有时也叫作交易过程，主要描述协议双方如何履行协议。例如，如果您书面同意按月支付租金，但书面文件没有写明每月的哪天支付，而您在 6 个月内每个月的 1 日支付，那么该书面文件将根据您迄今为止的履约方式按照您在每月的 1 日付款进行解释。贸易惯例则描述了该行业的一般运作方式。例如，如果您拟定了一份购买“成品二乘四”木梁的合同，而供应商交付给您的木梁稍小，您并不会依法进行诉讼。尽管经过加工的木梁略小，但将这种木梁的规格称作二乘四为贸易惯例。

最后，如果合同解释规则不能解决含糊不清的问题，那么根据不利于提供者规则，任何含糊不清的问题都必须做出对合同起草人不利的解释。这一规则的目的在于保护那些没有执笔起草的人。

此外，如果许可证的某一方做出了有违其自身合法利益的声明，那么为公平起见，法院将不会支持那些针对合理依赖该声明的人提起的法律主张。例如，假设库的作者公开说：“我已经基于 GPL 对该软件进行了授权，但我不打算就其条款针对学校或非营利组织中的任何人进行维权。”则作者以违反 GPL 为由对学校或非营利组织提起的任何诉讼可能都不会成功。这个原则被称作弃权或禁止反言——作者已经放弃了自身权利，或者说，为了公平起见，应该禁止作者起诉侵权。

8.4　将四角规则用于 GPLv2.0

现在我们有了一个问题，有了一套语言，有了一套规则来进行我们的解释。这就是律师的工作，即使您不是律师，也可以这么做。您只需要仔细、准确地思考措辞，并思考其可能具有的所有含义即可。

GPL 不是传统的法律文件。如果是的话，**基于本程序的作品（work based on the program）**一词只要在文件开头定义一次（且仅有一次），使用时大写即可（这里是基于英文的习惯）。当律师起草法律文件的时候，我们就是用这种方式寻求最大限度地减少措辞的含糊不清。当然，这也是如何避免编程语言含糊不清的方法：在一开始就定义变量，且只能以一致的方式使用，否则就会出现漏洞。GPL 如果省略了一些诸如**基于本程序的作品（work based on the program）**这么重要术语的定义，这看起来似乎很讽刺。

从 GPL 语言的表面价值来看，我们需要评估以下两类作品之间的界限或重叠关系：一方面，是“完全由”被许可方编写的、通过“仅仅聚合（aggregation）”而合并在同一存储卷或介质上的，且“本身可被合理认为是独立且单独的”的作品；另一方面是“全部或部分包括本程序或其衍生作品”的作品。请记住，如果这些短语对我们来说似乎没有必要或没有用处，我们也不能选择将其抛弃。本文件中的每一个术语都必须有其含义。

这就是读了 GPL 的律师们为什么能很快就得出结论，“基于本程序的作品”（整个公司和开发项目都依赖它）的含糊不清无可挽回。为了说明这一点，图 8.1 提供了一个我曾在哲学思考中画过的 GPLv2.0 语言中的各种定义短语的维恩图（Venn diagram）。

在一份正确起草的文档中，代表 GPL 所涵盖代码的虚线内的区域与代表不被 GPL 涵盖的代码的斜线阴影部分不会重叠。

这些术语的模糊性是不可否认的。作为该文件的作者和管理者，FSF 本身也发表了大量关于 GPLv2.0 的 FAQ。既然我们知道四角规则给不了我们答案，那么我们就必须从其他地方寻找答案。一种观点为：如果有律师提出要给您写一篇关于 GPL 字面语言的长篇分析，这并不值得您付费。GPL 需要在其技术和社会背景下进行解释，其重要性远远超过了其字面含义。从这个角度而言，解释 GPL 并不是一项普通的法律任务。

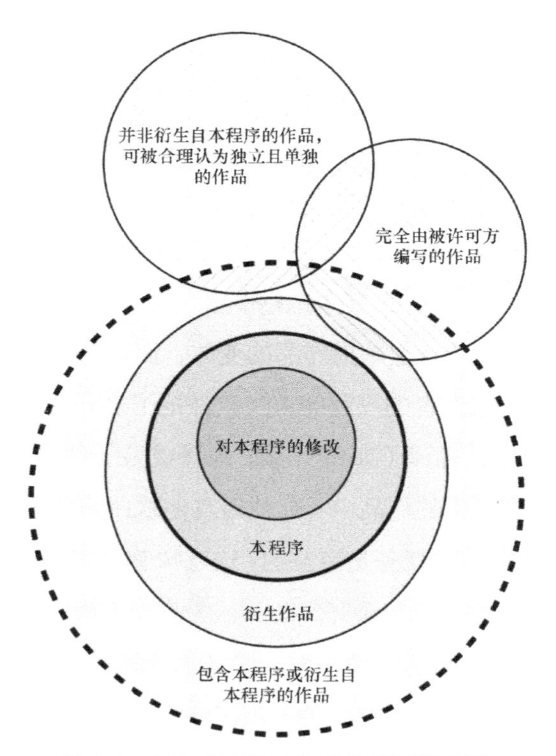

图 8.1　GPL 涵盖和未涵盖的代码维恩图

从这个意义上来说，GPL 更像是一个法规而不是合同——它是一个适用于许多人和许多软件项目的单一文档。传统的通过履行过程证据来解释合同的方法很少适用于 GPL。如果把自由软件基金会（FSF）视作一个为其社区制定规则的立法机构，它对合同的看法可能是最重要的。但 FSF 并不是权力会受宪法限制或者权力地位取决于选举或任命等政治程序的立法机构，它是一个自我任命的团体。制定法规的政府权力受限的原因在于，法定法规具有影响许多人生活的力量。FSF 毕竟只是一个最终无须向选民负责的非营利机构。因此，尽管 FSF 关于解释的声明很有用、也很有意思，但却不一定能被赋予法律的分量，如下文所述。

将合同解释规则适用于边界之争，现在有几种（不一定互斥的）替代方法来解释 GPL：

- 看贸易惯例；
- 看**衍生作品（derivative work）**一词的法定含义（下文讨论）；
- 采用“法律现实主义”的方法，注重法律维权风险而非纯粹的解释。

GPL 语言看起来可能不太清晰的原因之一在于它使用了《美国版权法》中的一个术语：**衍生作品（derivative work）**。根据美国的法律，版权涵盖了**创作作品（works of authorship）**，其中包括书籍、音乐、视频和软件等各种作品。**衍生作品（derivative work）**是指作品的变体，因其与原作品非常接近但又不至于完全相同，故受原作者的权利约束。软件范围之外的衍生作品可能是修订（如一本书的新版本）、翻译（如将一本书翻译成另一种语言），或以创造性方式将某一作品合并到更大的作品中（如使用其他歌曲部分内容的混合曲目）。

这对我们解释 GPL 的任务是有益的；这意味着我们有一整套法律来解释这个重要短语的含义。FSF 已经公开声明，认为基于本程序的作品的定义与（美国的）版权法中衍生作品的定义相同。遗憾的是，虽然**衍生作品（derivative work）**这个术语明确存在于（美国的）版权法中，但法律几乎没有对软件的衍生作品可能是什么进行任何规定。（美国的）版权法对书籍、音乐和电影等作品的规定要健全得多。毕竟，相较于已经存在了几个世纪（美国宪法中甚至提到版权是联邦政府的权力之一）的（美国的）版权法而言，软件是相对较新的作品形式[1]。20 世纪 40 年代软件才开始出现，直到很久以后才被明确认为是可受版权保护的作品。

8.5 “衍生作品”问题

确切地说，把边界之争称作对衍生作品内涵的界定问题并不准确。您如果

---

1 “The Congress shall have Power...[t]o promote the Progress of Science and useful Arts, by securing for limited Times to Authors and Inventors the exclusive Right to their respective Writings and Discoveries,” United States Constitution, Article I, Section 8.

看判例法就会发现，很多案例都在讨论原作品需要有多少变化才能成为衍生作品。这根本不是我们要问的问题。我们要问的是什么构成有别于独立的非侵权作品的**侵权作品（infringing work）**。然而，该问题通常被归结为该应用程序和库是否为该应用程序的衍生作品或集合作品。

《美国版权法》规定如下。

> “衍生作品”是指基于一部或多部原作的作品，如翻译、音乐编排、戏剧化、小说化、电影化、录制、艺术复制、删节、浓缩或可以被重构（recast）、转换或改编的其他任何形式。由编辑修改、注释、阐述或其他修改组成的作品，（作为一个整体）代表了原创作作品，是“衍生作品”。

《美国版权法》还将**集合作品（collective work）**定义为：“含有本身构成单独作品的若干贡献，组合为一个集合整体……的作品。”

《美国版权法》允许版权人阻止他人创作衍生作品，但并不允许版权人阻止他人创作集合作品。

用 GPL 的语言来说，有些东西是衍生作品（即需要人们对原作品行使版权），有些东西只是**聚合（mere aggregation）**，即单独作品的汇编。二者之间的区别是边界之争的关键。这两种可能性映射出单一衍生作品与集合作品的区别。

在我们深入研究这个问题之前，我们可以先单独来看一个简单的案例。大多数现代程序都是以**包（packages）**的形式交付的。这些包的名称可以不同：在 Java 程序中，将这些包称作 JAR 文件（JAR 包）；在 Linux 系统程序中，通常将它们称作原始码（tarballs）；在现有的计算系统中，可将其称作容器；有时也将其称作映像（image）——特别是整个系统以二进制形式交付时。把软件放在与 GPL 代码相同的 JAR 文件、原始码、容器或映像中，本身并不意味着该软件必须基于 GPL 进行许可。换言之，如果把应用程序和时间函数库放在同一个原始码中，这本身并不意味着该库必须受 GPL 的约束。是否受约束取决于该软件的两个元素在运行时如何交互的更多细节。封包过程只约束了自身交付的方式。

再次回到上述“time”的问题，您知道哪种情况是对的了吗——一还是二？

当然还是不知道。要回答这个问题，我们需要确定讨论的作品是哪个：该应用程序和该库是作为一个整体，还是各自只是整体中的一个组件？

《美国版权法》几乎没有提供与单一作品和集合作品之间的区别相关的指导。然而，有一个法律领域中的规定是有指导意义的——法定损害赔偿的法律规定。根据《美国版权法》，作者可以选择实际损害赔偿（对版权人的实际经济损害）或法定损害赔偿作为诉讼请求。法律为每件受版权保护的作品设定了法定损害赔偿的最高数额。"如果单独的版权没有单独的经济价值（无论其艺术价值如何），就版权法规而言，它们必须被视为……作品的一部分。"[1]

经济价值测试在不同的情况下结果不同。在"time"问题的情形下，很明显，该应用程序和该时间函数库具有单独的市场。显然，该库对许多应用程序都有用。如果没有该库，则该应用程序可能无法运行，但该应用程序在使用其他类似时间库的操作系统上也可能有用。所以，它们似乎确实是单独作品。但我们从法定损害赔偿法中提取的规则并不清晰，所以我们仍然需要考虑，如果我们在这一点上没有明确的答案，那么该如何分析我们的问题。

基本上，有以下 3 种可能：

① 该应用程序和该库是一个作品；

② 该应用程序和该库是单独作品，且合在一起，并形成了一个集合作品；

③ 该应用程序和该库是单独作品，但当它们一起运行时，形成了一个单一作品。

如果我们假设该应用程序和该库是一个作品，那么我们的分析就完成了。该库就是该应用程序，而由该库和该应用程序组成的新作品就是一个基于本程序的作品。但如果它们是单独作品呢？这个问题更加复杂。

8.6 基于版权的软件奇案

让我们先假设该应用程序和该库是两个单独的受版权保护的作品，并且我

1 RSO Records, Inc. v. Peri, 596 F.Supp. 849, 862 n. 16 (S.D.N.Y.1984).

们作为该应用程序的开发者，计划只分发我们的应用程序，但并不分发该库（假设该库是公开的，因此可以合理预期我们的客户已拥有该库）。然后，我们会问，该应用程序与该库是否实质上相似。它们的共性是什么？它们有一个共同的编程接口——API（如果您不熟悉 API、头文件和链接的概念，请阅读第 2 章的内容）。这能使该应用程序成为该库的衍生作品吗？

艺术表达是受版权保护的。一本书、一部电影或一首歌的含义很容易理解，但计算机程序理解起来就不那么容易了。版权不保护功能元素（functional elements）。这一原则称作**思想 / 表达二分法（idea/expression dichotomy）**或**合并原则（merger doctrine）**。源代码不像自然语言那样灵活，源代码的创造性使用方法也较少。例如，在大多数编程语言中，将一个值放入变量中的方法只有一种（如 a=1；），因此这个元素不受版权保护。更难的问题是，代码必须变得多复杂才能享有版权保护。例如，有很多这样的语句：

```
a=1;
b=1;
c=1;
```

这是否是受版权保护的？可能不行。但是，我们添加的内容越多，有多种方法写（该段）代码的可能性越高，其中一些方法可能比其他方法更优雅或更有表达力。许多语言会允许您使用不同的空格来编写相同的代码，例如：

```
a=1; b=1; c=1;
```

而在其他语言中，您可能会这么写：

```
a=b=c=1;
```

作为一个功能等同的选择，您也可以写成

```
c=1;
b=1;
a=1;
```

或

```
a=6/6;
b=.5*2;
c=SQRT(1); [ 使用平方根函数 ]
```

这些看起来都有点不同，但选择这么写（而不像第一个例子那么去写），是表达还是纯粹小题大做？从概念上来说，分析软件版权的问题在于，每一个像 a=1 这样的说法本身可能不受保护，但在特定点，所有不受保护的内容放在一起就变成了受保护的内容。这绝非一条明确的线。

我们必须补充说明的是，软件的许多内容要么由效率、要么由编程语言的限制所决定。任何由语言语法规则、技术要求（如硬件要求）或功能需求所决定的部分都不受版权保护。如果把所有这些（部分）放在一起（任何软件作品都是由受版权保护和不受版权保护的元素拼凑而成的），整体可能仍受保护。这就像音乐（每个音符都不受保护），但一段或一行音乐则可能受保护。但对于软件来说，保护有许多不连续性，所以法律有专门的规则来分析软件的可保护性。

8.7 美国法律如何规定?

为了找出美国法律对于我们的问题是如何规定的，我们从《美国版权法》文本和法官根据该《美国版权法》判决的案例中寻找答案。在美国的法律体系中，即所谓的**普通法（common law）**体系，我们既要考虑法规，也要考虑评论该法规的案例。《美国版权法》(《美国法典》第 17 卷第 102 节（b）款）规定："在任何情况下，无论以何种形式描述、解释、说明或体现于作品中，对原创作品的版权保护都不扩大至任何思想、程序、过程、系统、操作方法、概念、原理或发现。"该法规所体现的概念有时被称为思想 / 表达二分法或合并原则。从表面来看，这对软件来说是一个不利的消息，因为软件的核心显然是程序、过程和操作方法。然而，软件作为一种"文字作品"，确实是被版权法所涵盖的。

最早的一个合理使用的案例指出："从抽象意义上讲，严格意义上的新且原创的事物，即便有也很少。每一本文学、科学和艺术领域的书，都借用而且必须借用和使用许多以前众所周知和使用过的东西”。[1]相较于其他任何类型的受版权保护的作品，这段话更适用于软件。因此，为了建立一个分析软件版权的框架，有些法院采用了“抽象、过滤和比较”（Abstraction Filtration and Coparison，AFC）测试。该测试可以确定一部被诉侵权作品是否真的体现了另一部作品的版权。如果的确如此，则为侵权作品（或衍生作品）；如果不是，则为单独作品。根据 AFC 测试，法院要通过以下程序：

① 从作品的思想中抽象出该程序的所有表达元素；

② 过滤掉所有不受保护的元素；

③ 对剩余的创造性表达元素进行比较。

如果剩余元素实质性相似，那么被诉作品就构成了侵权。

不受保护的元素可能包括高级程序架构、算法或数据结构。将这些元素从该作品和被诉作品中过滤掉，保留剩余的表达元素，然后对该作品和被诉作品进行比较。如果两者实质性相似，则被诉作品就是该作品的衍生作品，故侵犯了该作品的版权。

美国联邦第九巡回上诉法院（该法院是对加州有管辖权的美国上诉法院，因此对大多数软件行业也有管辖权）使用了分析剖析（Analytic Dissection）测试。该测试虽然与 AFC 测试相似，但又不完全相同。该测试区分了**内在的（intrinsic）**和**外在的（extrinsic）**组成部分。**内在的（intrinsic）**或**表达的（expressive）**元素是“站在普通的理性观察者（没有专家协助）角度进行评估的”。该评估的步骤如下：

① 找出该等作品之间所谓相似性的来源（类似于 AFC 测试的比较步骤）；

② 确定是否有任何被诉相似的特征是受版权保护的（类似于 AFC 测试中的过滤步骤）；

③ 确定相似的和受保护的元素适用强保护还是弱保护（事实和思想适用弱

1 Emerson v. Davies, 8 F.Cas. 615, 619 (D. Mass. 1845).

保护）；

④ 确定该等作品整体上是否实质性相似。

几乎所有与该测试相关的案例都不涉及计算机软件，而且也很难适用于计算机软件。分析剖析测试源自斯德、马蒂·克罗夫特电视制作公司诉麦当劳公司案，后来被用于苹果计算机公司诉微软公司案中。苹果公司案涉及微软的 Windows 图形用户界面侵权苹果的 Macintosh 桌面图形用户界面。斯德、马蒂·克罗夫特电视制作公司案涉及麦当劳的汉堡神偷（Hamburglar）角色侵权电视秀魔法龙帕夫（H.R. Pufnstuf）的角色。在这些（案件）中，视角是一个"普通的理性观察者（没有专家协助）"视角。当然，这种观点对于软件来说是没有用的。普通的理性观察者根本不知道 API 是什么。另外，一个普通的理性观察者虽然能够对木偶还是图形用户界面（Graphical User Interface，GUI）的外观看起来是否相同做出合理判断，但对于软件来说，问题不在于代码看起来如何，而在于它的表达力如何。普通人无法将一行有表达力的代码和没有表达力的代码区分开来。

单独的编程接口是否受版权保护，是一个悬而未决的法律问题。在本书（英文原版）付印时，聚焦于该问题的甲骨文美国公司诉谷歌公司案仍在上诉过程中[1]。该案的判决结果可能会澄清该问题，但在此之前，就这个问题的判例法如下。

在奇妙世界（Worlds of Wonder）案件中，原告销售的是会说话、会跳舞的名为"泰迪·鲁斯平"的小熊。原告拥有该玩具的版权。小熊的动作和声音程序存储在玩具的内置磁带中。被告改变了磁带，从而改变了程序。美国联邦第九巡回上诉法院认为，尽管第三方磁带不包含原始磁带中的任何录音部分，但该第三方磁带属于侵权衍生作品。但是，本案中的版权存在于作为视听作品

1　译者注：美国联邦最高法院已于 2021 年 4 月 5 日对该案做出最终裁决，并判定谷歌公司使用甲骨文美国公司的 Java API 构架安卓操作系统是合理使用，并未违反《美国版权法》，因此谷歌公司不构成侵权。特别值得注意的是，美国联邦最高法院在该案中回避了 API 是否具有版权的问题，并没有如作者在本书中期待的那样解决"单独的编程接口是否受版权保护"的法律问题。

的玩具中。而软件代码是一种文字作品。这就不难理解，为什么视听作品的相似性检验标准会不同，为什么即使磁带完全不同而整个作品也可能构成侵权。视听作品实质性相似的检验标准是将被诉作品的“总体概念”与原作品进行比较。此外，法院认为，该作品的主要受众是儿童，并基于儿童视角进行分析。

微星诉弗勒姆根案或被称为毁灭公爵案，涉及的是流行的第一人称射击视频游戏《毁灭公爵 3D》（*Duke Nukem 3D*）。分发的游戏包括一个允许用户创建自身关卡的构建编辑器。微星从 300 个用户创建的关卡中创建了一张 CD-ROM，并将其分发。这些关卡并没有加入该游戏中的任何代码或美术作品，但它们使用构建编辑器创建的 MAP 文件来实例化使用该游戏美术库的关卡。法院称：“版权人拥有创作续集的权利……而 N/I MAP 文件中讲述的故事肯定是讲述杜克神话般冒险新故事（虽然有些重复）的续集。一本关于毁灭公爵的书（即使不包含任何图片），也会因为同样的原因而侵权。”法院认为，该作品构成侵权。尽管本案涉及软件，但该判决分析比较的是该游戏的视听显示，而非软件代码。同样，焦点在于视听作品而非文字作品。

尽管有侵权作品“必须实质上纳入了原作品受保护的材料”的明确规则表述，但这些判例认为，即使该作品不包含原作品的任何部分，也可能构成侵权。[1]

如果所有这些案例看起来都非常复杂，而且回答不了我们的问题，那么看看美国联邦第一巡回上诉法院的判例法也许会轻松些。关于计算机软件版权的开创性案例是洛特斯诉博尔兰案。[2] 在该案中，被诉作品是一个计算机菜单命令层结构。法院称：“当面对非文本复制的案件时，法院必须确定相似性事实是否仅仅是由于这两部作品具有相同的基本思想，还是它们可以表明第二作者抄袭了第一作者的表达。”法院认为，菜单命令层结构是《美国法典》第 17 卷第 102 节（b）款所述的一种不受版权保护的“方法”。

> 该洛特斯菜单命令层结构……程序作为操作和控制程序的方法。……该洛特斯菜单

1　Micro Star v. FormGen Inc. 154 F.3d 1107 (9th Cir. 1998).

2　49 F.3d 807 (1995).

命令层结构与程序的屏幕显示也不相同，因为用户不需要“使用”屏幕显示的任何表现方面来操作洛特斯 1-2-3；因为屏幕的外观对用户如何控制程序没有什么影响，所以屏幕显示不属于洛特斯 1-2-3 的“操作方法”。该洛特斯菜单命令层结构与计算机底层代码也不相同，因为代码虽然是程序运行的必要条件，但其精确的构架却不是。换言之，博尔兰不必复制洛特斯的底层代码（事实上，博尔兰也没有复制），便可提供与洛特斯 1-2-3 相同的功能。然而，为了让用户能够以基本相同的方式操作其程序，博尔兰必须复制洛特斯的菜单命令层结构。

洛特斯诉博尔兰案目前仍然是分析 API 可保护性问题的最有指导意义的案例。事实上，菜单命令层结构（虽然介于宏创建工具和电子表格程序之间，而非两个程序之间）是一种 API。

LEXIS/Westlaw 案也分析了版权前沿问题。LEXIS 和 Westlaw 是在囊括法院已发表判决书参考书领域领先的两家公司。因这些判决书文本是美国政府制作的作品，属于公有领域，故不受版权保护。当 Westlaw 起诉 LEXIS 的所有者抄袭其素材时，其诉讼请求依据是 Westlaw 书籍中案例的页码。此后，Mead 公司在其在线产品中增加了一项使用户能够跳转到判决书某一页的功能，正如在 Westlaw 报告中出现的那种形式。在 1986 年的一审判决中，美国联邦第八巡回上诉法院认定这种使用构成侵权。然而，鉴于 1990 年最高法院审理的菲斯特出版公司诉农村电话服务公司案否定了评估版权侵权时的“流汗”原则，后来美国联邦第二巡回上诉法院就同样的问题做出了相反的判决。因此，使用 Westlaw 的页码可能被认为不是侵权行为。

即使计算机软件接口在理论上受版权保护，但为实现互操作性而重复使用少量代码往往是合理使用。世嘉诉 Accolade 案[1]认为，复制世嘉创世纪（Sega Genesis）游戏盒软件中的初始化代码属于合理使用。Vault 公司诉奎德软件有限公司案认为，复制和反编译一个软件程序的密钥和指纹是合理使用。API 为互操作性所需，在这一点上，API 接近于初始化代码和程序密钥。事实上，

1 977 F.2d 1510 (9th Cir. 1992).

API 正是互操作性的定义。

总体来讲，法律指向这样一个概念，即编程接口很可能是功能性的，因此不受版权保护。这又会指向这样的结论：该应用程序不包含该库的任何可保护的部分，因此并非该库的衍生作品，因此可以在不违反 GPL 的情况下以不同的许可证单独分发该应用程序。但是，法律是非常不确定的（尤其是由于甲骨文美国公司诉谷歌公司案尚未判决的情况下）。

总而言之，版权法表明，该应用程序和该库是单独作品，两者都不是对方的衍生作品，两者合在一起（无论它们是通过动态链接、静态链接还是其他方式集成在一起）是一个集合作品，而不是单一的衍生作品。然而，正如我们在下文中所看到的那样，我们从纯粹的版权分析中得到的答案，在现实世界的风险评估中可能行不通。

8.8　国际解释

假定对衍生作品的上述分析适用美国法律。然而，由于 GPL 没有法律适用条款，其权力依赖版权法，因此衍生作品的范畴可能会因司法管辖区的不同而不同。本书不对该问题进行深入分析。然而，在不同的司法管辖区（取决于当地的司法管辖对 API 的保护力度），边界之争的答案可能会有所不同。

8.9　法律现实主义的方法

以上分析对于理解——仅为了解实际诉讼中围绕 GPL 的法律问题可能会有多复杂是很重要的。但是，每天都要在模糊的法律环境中做出如何遵守 GPL 决定的企业，通常并不需要进行这种法律分析，这些企业会根据自己对现实世界的风险评估做出决定。既然我们认为边界之争的答案尚不明确且在短期内不可能得以解决，那就抛开纯粹的法律分析并研究最佳实践。

网络上已经有了不少关于边界之争的文章，但很多都是混淆视听、不知所云，或者只是没有逻辑的言论。请记住，关于任何代码的GPL适用，该代码版权人的意见最为重要。如果该版权人称某一特定的做法（比如将代码链接到专有应用程序，或将代码作为库与专有代码一起使用）是可以接受的，那么法律问题和风险问题就都解决了。但我们之所以也可以考虑其他人的意见，主要是因为这些意见反映了行业实践和社区规范。在这个问题上提供意见最频繁或能提供最有用意见的是自由软件基金会（FSF）。回顾一下，在纯粹的法律分析下，我们读到的开源世界的思想领袖的声明作为商业使用证据的价值非常有限。但这些声明对于现实风险评估却非常重要。

FSF对该问题采取的是一种功能方法。该方法虽然看似武断，但至少是有用的。您可能听说过，该问题的关键是链接。虽然这并不完全正确，但理解链接对评估该问题却很重要（如果您不知道什么是链接，请花几分钟时间阅读第2章的相关内容）。

基于这种功能方法，是否将该应用程序和该库认作同一个程序的一部分取决于其交互方式，但不取决于其打包方式（包括该应用程序开发者是否对该库进行实际分发）。

如果将二者认作同一作品的一部分，即使分开交付，FSF明确规定，二者都必须基于GPL。FSF发布了一个解释GPLv2.0的FAQ，这个FAQ表述如下。

> 问：您有一个基于GPL的程序，我想把该程序和我的代码链接起来以构建一个专有程序。我与您的程序链接是否意味着我必须让我的程序也基于GPL？
>
> 答：不完全是。这意味着您必须基于与该GPL兼容（更准确地说，是与您所链接的组合中其他所有代码所接受的一个或多个GPL版本兼容）的许可证发布您的程序。然后，该组合本身便可以基于这些GPL版本获取。

但FSF的FAQ还有其他表述。

> 问：如果我写了和一个基于GPL的程序一起使用的插件，对我分发该插件的许可证有什么要求？

> 答：这要看该程序如何调用其插件。如果该程序使用 fork 和 exec 来调用该插件，那么该插件是单独程序，所以主程序的许可证对这些插件没有要求。
>
> 如果该程序动态链接插件，且它们互相调用函数并共享数据结构，我们认为它们形成了必须视作同时为主程序和插件扩展的一个单一程序。这意味着，您必须基于 GPL 或与 GPL 兼容的自由软件许可证对该插件进行许可，并以符合 GPL 的方式分发其源代码。
>
> 如果该程序动态链接插件，但它们之间的通信仅限于调用插件的“主（main）”函数和一些选项并等待其返回值，这便是一种临界情况。

很多人觉得这种与链接相关的讨论很混乱。虽然有些程序员可能不觉得那么混乱，但仍然具有误导性。首先，链接是只存在于某些类型的编程语言（如 C++）中的一个概念。当您使用 PERL、PHP 或 HTML 等所谓的**脚本语言（Scripting languages）**编程时，该链接的概念便毫无意义或几乎无意义。最终结果是，链接的方法对于 GPL 的解释而言并无区别。在程序构建过程中，通常既可以以动态也可以以静态链接任何您选择的代码（取决于您认为什么是程序的最佳实现），因此这是说得通的。静态链接虽然使程序变大，但消除了寻找被链接代码的处理时间。动态链接虽然可以更有效地利用内存，但却同时降低了处理速度。

曾经有段时间，开源世界中有一种观点认为动态链接很重要。换言之，在我们的例子中，如果该应用程序和该库是动态链接的，它们就是两个不同的程序，如果它们是静态链接的，那么它们就是同一个程序。显然，如果它们是静态链接的，它们就在同一个二进制文件中，但如果它们是动态链接的，就并非如此了。但在实践中，这个区别并没有用。

埃里克·雷蒙德（开源先驱之一，也是开源计划的创始人之一）在一次网络交流中讨论了关于林纳斯·托瓦兹对可加载内核模块（Loadable Kernel Module，LKM）是否在 GPL 下创造了 Linux 内核的衍生作品的看法。有人评论称“林纳斯的观点与此无关”，雷蒙德称：

> 事实上，我同意他的评价。关键问题在于，加载二进制模块所涉及的特定类型的链

接是否会传播版权法意义上的衍生作品地位。这是法院可能会在某天做出裁决的一个法律问题。在法院做出裁决之前，所有依赖这类链接的人都要承担法律风险。……（但）称林纳斯的意见与此无关就不太正确了。它虽然与潜在的法律问题无关，但与相关的商业风险有关。

情况正是如此。

8.10 FSF 的观点

自由软件基金会（FSF）就边界之争发表的公开评论最多也最深思熟虑。因此，我们把 FSF 的立场作为最佳实践的基础。FSF 的立场如下。

- 任何与 GPL 代码的（动态或静态）链接都会产生一个单一的、属于边界内的衍生作品。
- 通过通信协议（如管道、套接字等）进行交互的软件不属于衍生作品。
- 只通过 shell 命令和 exec 语句交互的软件程序是单独作品。
- 用户空间在适用于（Linux）内核的 GPL 边界之外。
- GPL 程序的源代码不包括标准的 Linux 系统库或语言库。

GPLv2.0 的 FAQ 表述如下。

问：两个单独程序和一个由两部分组成的程序之间的界限在哪里？

答：这是一个最终将由法官决定的法律问题。我们认为，一个适当的标准既要看通信机制（exec、管道、远程过程调用、共享地址空间内的函数调用等），也要看通信语义（交换哪些类型的信息）。

如果该等模块包含于同一个可执行文件中，那么它们肯定会组合在一个程序中。如果模块被设计成在一个共享地址空间中链接在一起运行，那几乎肯定意味着将它们组合到一个程序中。

相比之下，管道、套接字和命令行参数是两个单独程序之间通常采用的通信机制。所以用它们进行通信时，该等模块通常是单独程序。但如果通信的语义足够亲密（交换复杂的内部数据结构），也可以作为一个将这两部分组合成一个更大程序的依据。

因此，根据 FSF 的规定，所有与 GPL 代码链接在同一个可执行文件中的部分都必须基于 GPL。如果我们的应用程序开发者遵守这个规则，他就安全了。然而，这条规则存在例外情况，而要理解这些例外情况则充满挑战（特别是对于非工程人员而言）。

但事实上，上述规则并没有完全阐明 FSF 的观点（这只是避免自己的编码实践不在 FSF 认可范围内的一个权宜之计）。FSF 经常提到如何“紧密”地整合程序，显然，这是个临时或动态的概念。

因为（从这个意义上说）边界之争的问题永远没有一个明确的答案，所以即便您无法判断是否遵循了 GPL 的字面要求，也要遵守 GPL 精神。GPL 精神即自由——任何获得二进制文件的人都应该能够获得源代码。所有使用二进制文件的人都应能够对其进行调试、研究、修改。如果您因为试图在专有模块中隐藏功能而思考边界之争，这就不是 GPL 精神。但是，如果专有模块和 GPL 模块之间的接口透明、简单、有完善的文档、是个真正的黑匣子，那么即便您违反了 GPL，也很少会有人投诉您，而这就是风险管理。此外，简单、清晰的接口也是好的工程的标志。所以在软件工程中做正确的事情就是遵守 GPL 的最佳方法。

8.11 可加载内核模块

GPL 边界之争集中体现在可加载内核模块（LKM）的争议上。在大多数情况下，Linux 内核是**单片（monolithic）**的，这意味着它是计算机启动时就会加载的一个单一二进制文件。但 Linux 内核也可以支持动态加载模块。这场争论的典型是一家叫英伟达的公司，这家公司的显卡驱动采用了专有 Linux 驱动——这使理查德·斯托曼给这家公司起了个绰号叫“讨人厌（Invidious）”（需要注意的是，网上很难找到这种称呼的证据。与该话题有关的某些链接似乎已失效）。

然而，其他自由软件倡导者和其他 Linux 开发者（如林纳斯·托瓦兹）则对边界之争发表了其他观点（特别是当其与 LKM 相关时）。托瓦兹的评论特别有意思：

> 有一些 UNIX 设备驱动程序和一些 UNIX 文件系统的例子（主要是历史上的），它们是更早期的作品且有相当明确的定义和清晰的接口，我个人认为它们根本不可能是"衍生作品"，因此是可以接受的。最明显的例子可能是 AFS（安德鲁文件系统），但也有从 SCO（圣克鲁斯运营）公司移植过来的各种设备驱动程序。

当然，托瓦兹是基于具体事实和实际情况看待这个问题的。Linux 最初是为了实现 UNIX 的接口规范而编写的，所以托瓦兹自然认为可以自由使用该接口。对于系统库的例外，他也曾有过如下表述。

> 嗯，确实没有例外。不过，版权法显然取决于"衍生作品"的定义，因此，任何事情都可以在这一点上进行争论。
>
> 我个人认为，所有需要在内核中加入特殊钩子才能在 Linux 下运行的"衍生作品"都是不可接受的（也就是说，将一小段 GPL 代码作为大段代码的钩子是**不**可接受的），因为这显然意味着这个较大的模块需要主内核的"帮助"。
>
> 同样，我认为熟悉内核内部的所有作品都是衍生作品。
>
> 留在灰色地带的往往是一些单独模块：从一开始就在 Linux 之外做一些对内核其他部分没有任何影响的事情的那些代码。例如，一个本来是为别的部分而写，除了标准 UNIX 读 / 写接口之外不需要其他任何接口的设备驱动。

他也曾说过这样的话：

> 好吧，关于缺乏例外以及**任何**版权问题的基本灰色地带，请参见如上表述。"衍生作品"问题显然是一个灰色地带，我知道律师们并不喜欢它们。疯狂的人们（甚至法官们）都曾声称，即使是不包含原作品本身任何内容的明显恶意作品，也可以被判定为"衍生"。
>
> 我的观点并没有那么极端，但我同时也认为一个为 Linux 编写并使用内核基础设施来完成其工作的模块，即使实际上没有复制任何现有的 Linux 代码，也默认为衍生作品。您必须有很强的理由才能不将您的代码认作衍生作品。

他还察觉到，Linux 越复杂，就越不可能将 LKM 视作一个单独作品。

> 很久以前，Linux 内核的模块接口比较有限，实际导出的功能也不多。所以在几年前，我们可以信誓旦旦地宣称："如果您只使用这 *N* 个从标准内核导出的接口，您就已经算是间接证明了您不需要内核基础设施。"
>
> 这也从未被真正记录下来（更多的是我和其他人在研究"衍生作品"问题时的准则），而且随着模块越来越多地不用于外在部分，而仅用于动态加载作为内核的一部分分发的标准 Linux 模块，"有限接口"的说法对于"衍生作品"而言已不再是一个好的准则了。
>
> 所以近来，我们导出了很多内部接口，并不是因为我们认为这些接口不会"污染"该链接器（linker），而只是因为即使**是**应该很了解内核内部标准的内核模块（且明显是"衍生作品"），加载模块动态运行时也很有用。

托瓦兹从实际出发，认为已发布的接口支持单独作品的存在。

> 这是一个关于什么是"插件"的问题——它是程序内部根据需要加载更多模块的一种方式，还是**意在**成为一个公共的、发布的接口。
>
> 例如，"系统调用"接口可以视作"插件接口"，而且在 Linux 下运行用户模式程序很容易理解为运行 Linux 内核的"插件"。不是吗？
>
> 在这里，我显然 100% 完全同意您的观点：这个接口是已发布的，而且是**意在**为外部和独立用户设计的。我们竭尽所能地保留该接口，而且该接口的设计独立于内核版本。
>
> 但也许有人在写程序时意在当其需要时动态加载"操作者（actor）"，以此来保持良好的模块化，并试图保持问题空间的良好定义。在这种情况下，"插件"可能在技术上遵守所有与系统调用接口相同的规则（尽管作者并没有这种打算）。
>
> 所以我认为这在很大程度上是个意图问题，但也可以说是稳定性和文档的问题（即"需要在版本变更之间重新编译该插件"往往意味着这是个内部接口，而"二进制文档跨多个版本兼容"则意味着外部接口更稳定、衍生作品更少）。

所有这一切都强调，一个程序通过"标准"接口和其他所有类型的接口进行操作的方式并没有明显、可识别的区别。这也是边界之争如此难以解决的部分原因——什么是平台接口、语言接口或"标准"接口有时是具体事实，最终则是行业共识问题。此外，随着运算变得越来越分层，这也会随时间变化。

8.12 导出符号

现在不像以前那么流行用“导出符号”的方法来确定是否符合 GPL 的要求了，但这仍然是一个可以让我们了解作者就复杂许可证解释问题（特别是对于像 Linux 内核这样复杂的项目）本意的有趣方法。该内核包含一个“MODULE_LICENSE”宏文件。一个 Linux 模块的作者可以在其中加入在查询时调用这个宏文件便会返回一个特定值的代码——这是一种将许可信息“硬编码”到软件中的方法。例如，如果一个模块中包含了 MODULE_LICENSE（“GPL”）语句，就意味着作者打算对该接口进行编码的所有模块的许可证均为 GPL。换言之，这是作者表达意图的一种方式，即该接口是 GPL 所涵盖的本“程序”的一部分。从历史上看，Linux 程序员经常遵循这些信号——对这样的接口进行编码的 LKM 将基于 GPL 进行许可。如果正在使用的模块的许可信息类型错误，则可将编译 / 构建系统设置为生成错误。

下面是一个题为“关于 EXPORT_SYMBOL_GPL 的价值”的有趣讨论。

> 当插入一个可加载模块时，它对内核函数和数据结构的所有引用都必须链接到（linked）当前运行的内核。然而，模块加载器并不提供所有内核符号的访问，只有那些明确导出的内核符号可用。该导出要求缩小了（尽管并没有缩小太多）该模块能看到的 API 范围：在 2.6.13 内核中，导出符号超过 6000 个。
>
> 导出有两种形式：永久标准（EXPORT_SYMBOL）和仅 GPL（EXPORT_SYMBOL_GPL）。前者可供所有内核模块使用，而后者则不能被任何不兼容 GPL 的许可证的模块使用。如果模块声明的许可证不符合要求，模块加载器将通过拒绝访问仅 GPL 的导出符号来强制执行这种区别。目前，内核中只有不到 10% 的符号是仅 GPL 的导出符号，但其数量正在不断增加。在许多情况下，让新的导出使用仅 GPL 的导出符号有一定的压力。

但这是一个更难的问题，没有仅 GPL 的导出符号是否意味着该接口可以被专有 LKM 使用。沉默未必就是同意。在法律上，可将明确声明允许链接到专有代码视作弃权或禁反言。然而，这并不一定意味着反之（即不反对这样的集成就意味着允许）也成立。此外，随着每个 Linux 新版本的发布，越来越多的模块被编码为仅 GPL。因此，依靠分析导出符号来分析边界之争并非稳定模式，应谨慎对待。

8.13　另一只鞋掉了，却掉得很远

许多开源法律界的人一直在等待司法意见澄清 GPLv2.0 边界之争的那一天。有一个案例有望阐明该问题。2015 年，一位 Linux 内核贡献者在德国对威睿公司提起诉讼，威睿公司是最成功的虚拟化软件制造商。在某种程度上，本案涉及的问题与典型的边界问题（即在 Linux 内核中添加专有驱动程序是否合规）相反。本案涉及的是 Linux 驱动是否可添加到专有的威睿内核中。然而，该案在临近法院实体裁决前，于 2016 年 8 月因程序原因被驳回。更多信息，请参见第 19 章。

第 9 章

LGPLv2.1的合规性

LGPLv2.1 可能是有史以来最深奥的许可证之一。虽然其最佳合规实践没有 GPL 那么难理解，但这些实践却很难映射到 LGPL 文本上。

LGPL 是为了使作者能够基于 GPL 式的许可证发布库。因为 GPL 要求与库集成在同一程序中的所有代码都基于 GPL 进行许可，所以 GPL 对拟用于专有应用程序的库就行不通。因此，LGPL 的目的是放宽 GPL 的一些要求以便使该许可证能够用于库。LGPLv2.1 是一个完全独立的许可证，所以从表面上看，LGPLv2.1 并不意在成为 GPL 的变体（在 v3.0 的许可证中，这是以一种更容易理解的方式进行的——LGPLv3.0 是一套作为 GPLv3.0 条款补充的附加许可）。

LGPL 的基本规则（正如大家所理解的那样）是，在专有应用中 LGPL 仅应用于动态链接库。该规则只是一个最佳实践但不是要求。LGPLv2.1 第 6 条的核心条款如下。

> 作为上述几条的例外，您也可以将“使用本库的作品”与本库组合或链接，以生成包含本库部分内容的作品，并根据您自行选择的适用的许可条款分发该作品，前提是该许可条款允许客户出于自身使用目的修改该作品并为调试此类修改而进行反向工程……同时，您必须做以下任意一件事。
>
> a）随本作品附上本库对应的机器可读的完整源代码（包括在本作品中使用的任何修改……），而且，如果本作品是与“库”链接的可执行文件，则附上目标代码和 / 或源代码形式的、机器可读的、完整的“使用本库的作品”，以便用户可以对本库进行修改，

然后重新链接以生成一个包含修改库的可执行文件。

b）使用合适的共享库机制与本库链接。合适的机制为：（1）运行时使用已经存在于用户计算机系统中的本库副本，而不是将该库函数复制到可执行文件中；（2）如果用户安装了本库的修改版本，只要该修改版本与本作品所用的版本接口兼容就能正常运行。

大家熟知的动态链接相关的合规规则来自上文条款中的 b 节——动态链接是一种共享库机制。作为最佳实践，大多数公司将 LGPL 代码的使用限制于动态链接库。

还有另一种方法可以遵守，但大多数公司认为这种方法风险较大且吸引力较小。例如，如果您在同时符合以下两条的情况下便可将 LGPL 代码静态链接到您的应用程序：提供本库的源代码；且以目标代码和 / 或源代码（object code and/or source code）形式，提供完整的机器可读的“使用本库的作品”。

这就要求交付专有软件的非链接对象。虽然这通常不需要披露专有代码或信息，但创建这样一个（即便是代码开发者自己，也不可能以这种形式使用的）交付包是一种管理负担。此外，律师们则对“和 / 或”感到困扰，因为他们担心“和 / 或”被解释成“和”，并要求交付该应用程序的源代码。更好的解释可能是，不需要交付（该应用程序的源代码），因此本意是布尔型的“或”。但是，“和 / 或”[1] 这种模棱两可是律师们痛定思痛的起草教训。在任何情况下，应用程序开发者通常都不希望提供用于重新链接的专有对象或由于第三方专有对象的上游许可限制而无权这么做。

LGPL 合规的其他复杂性包括反向工程问题。LGPLv2.1 包含了一个可能与大多数最终用户许可协议冲突的条款。第 6 条规定如下。

您也可以将“使用本库的作品”与本库组合或链接，以生成包含本库部分内容的作品，并根据您自行选择的适用的许可条款分发该作品，前提是该许可条款允许客户出于自身使用目的修改该作品并为调试此类修改而进行反向工程。

---

1 不得不在此评论，我与许多律师一样讨厌斜线结构且从不使用这种结构。如果必须有所区分的话，我宁愿加入包容性“或（or）”而非排他性（在编程中，排他性的形式是 XOR）的解释性指导。

LGPLv2.1 的这一规定要求提供整个应用程序的条件是“允许客户出于自身使用目的修改该作品并为调试此类修改而进行反向工程”，但专有许可大多限制反向工程，故与 LGPLv2.1 的规定冲突。如果一个专有应用程序与 LGPL 代码进行了恰当的集成，那么该接口就是一个黑匣子，应该没有必要进行这种反向工程。因此，对于专有应用程序的开发者而言，这可能不是一个重要的实质性问题，但对于无风险意识的人而言，却是一个陷阱——很容易忘记描述允许反向工程限制的必要范围而违反 LGPL。

为遵守 LGPL 的规定，必须修改最终用户许可协议，以便为 LGPL 代码做出例外规定。这实际上并不难，因为任何包含 LGPL 代码产品的最终用户许可协议都必须包含例外条款；LGPL 代码不能被分许可，且只能按照 LGPL 允许的许可条款进行许可。关于如何解决这两个问题的讨论，请参见第 17 章。

所有负责 LGPL 合规的人也应注意到，某些技术平台（如 iOS 和安卓）并不支持动态链接。因此，LGPL 代码不太适合移动应用程序，这是一个保守的规则。除了通过动态链接使用代码外，还可以通过其他方式遵守 LGPL。此外，一些对移动应用程序有用的库作者公开声明，他们允许在移动应用程序中通过静态链接使用其代码。

最后的问题是源代码宏文件的 10 行限制。LGPL 将使用静态链接或 include 语句限制在 10 行以内（更多内联函数相关的解释，请参见第 2 章）。这个限制是非常有局限性的，当代编译技术因为更重视处理速度而非内存限制，不仅使用了更多静态链接和内联编译，而且 10 行限制可能是基于任何低于 10 行的软件都不受版权保护的传闻。法律本身并没有这样的规则；但是，10 行经常被作为一个示例门槛，低于这个门槛的使用将构成合理使用，而且可以构成对侵权的抗辩，另一种情况是这 10 行不受保护，因此不存在侵权。虽然这个 10 行限制是个潜在的棘手问题，但在实践中几乎被忽略了。

第 10 章 GPLv3.0与Affero GPLv3.0

GPLv2.0 发布于 1991 年，到了 21 世纪，显然需要对 GPLv2.0 进行修订。在这期间，该许可证获得的吸引力令人印象深刻，软件业发生了变化，一些影响软件许可证的法律也发生了变化。其修订过程漫长且涉及众多利益相关方，修订后的许可证至今已存在了若干年。本章概述了第 3 版许可证与以前几版许可证之间的区别，并描述了这些许可证如何适用于当前的软件环境。

10.1 GPLv3.0

GPLv3.0 发布于 2007 年 6 月 29 日，从那时起，其采用率一直在缓慢上升。尽管许多软件项目已经基于 GPLv3.0、GPLv2.0 或其任何后续版本（允许基于 GPLv3.0 使用）发布，但仍有许多项目仅基于 GPLv2.0 发布。

人们不愿意跟随自由软件基金会（FSF）的步伐转向新的版本，这表明，在该修订发生的年代，自由软件运动在更实际的声音（特别是来自私营企业的声音）中失去了吸引力。虽然私营企业在某种程度上不情愿地接受了自由软件，但并没有接受自由软件的理想或 FSF 的领导。GPLv3.0 修订项目道阻且长，在这个过程中，核心人物之间发生了激烈的公开争论——例如，FSF 和林纳斯·托瓦兹（及内核维护者）认为不需要一个新的许可证。詹姆斯·博顿利（James Bottomley）等人写道：

> 由于 GPL 长期以来为我们提供了很好的服务，而且是我们开发者合同的基础，并帮助 Linux 取得了今天的成功，所以除非是为了纠正暴露出来的问题或者是为了更新（以）应对迫在眉睫的危险而进行错误修复，我们极不愿意考虑修改这个许可证。到目前为止，在 GPLv2.0 的整个历史中……我们还没有发现任何严重到需要这么修复的错误。[1]

在最终草案发布时，虽然这些争议表面上已经得到解决，但却标志着开源社区中出现了重大的哲学分歧。

此外，在重新起草项目期间，微软和 Novell 宣布了一项专利交易。这项交易条款是在保密的基础上向软件自由法律中心（the Software Freedom Law Center，SFLC）披露的[2]，此后不久，这些条款与 Novell 的 Form10-K 年度报告一起被提交。这推迟了最终草案的发布，并导致了下文所述的“反微软”和“反 Novell”条款。

毫无疑问，GPLv2.0 需要进行改进和更新，但 GPLv3.0 中增加的一些新功能却不被（特别是商业企业）接受。另一方面，GPLv3.0 增加了一些有用的、澄清的术语。关于 GPLv3.0 中体现的许多变化的详细解释，可以参考 FSF 为最后讨论草案撰写的背景理由。

10.2 许可证版本

大多数著佐权许可证都内置版本规则。GPLv2.0 第 9 条规定如下。

> 自由软件基金会可能会不定期发布通用公共许可证的修订版本和/或新版本。新版本和当前版本理念相似，但可能在新问题或事项的细节上表述有所差异。每个版本都有唯一的版本号。如果本程序指定了适用的本许可证版本及“任何后续版本”，您可以选择遵循该指定版本或自由软件基金会发布的任何后续版本的条款和条件。如果本程序没有指定本许可证的版本，则您可以选择自由软件基金会发布的任何版本。

---

1 James Bottomley et al., “GPLv3 Position Statement”, September 22, 2006.

2 Tom Sanders, “Novell opens legal books to GPL pundits”, November 9, 2006.

在第 3 版问世之前，基于 GPL 发布的大多数软件都是根据“GPLv2.0 或任何后续版本”进行许可的。在这一点上，接收者可以自主选择基于任一版本使用所有这类软件。然而，Linux 内核大多只基于 GPLv2.0 使用。

2001 年，托瓦兹写道：

> 我不相信 FSF。我很喜欢 GPL——虽然其未必是一纸法律文件，而更多的是一种意图。这就解释了为什么，如果您看过 Linux COPYING 文件，您可能会注意到“只有这个版本的 GPL 默认涵盖内核”的明确评论。这是因为，我同意 GPL 的现状，但我在其他许多方面与 FSF 意见并不一致…… FSF 长期以来一直在讨论和起草“下一代”GPL，他们一般建议使用 GPL 的人应该写上“v2.0 或您自主选择的任何后续版本”……“仅 v2.0”的问题也许有一天会改变，但这要在所有有记录的版权人都同意之后，而且要在我们看到 FSF 的建议之后。就目前我从 FSF 草案中看到的情况来看，我们不可能改变仅 v2.0 的立场，但当然可能会有我们不得不改变仅 v2.0 立场的法律原因（例如，有人在法庭上对 GPLv2.0 发起挑战，而其中一部分被认定为不可执行，或显然意味着我们不得不重新考虑该许可证的类似情况）。

正如托瓦兹准确指出的，那些选择基于任何后续版本进行软件许可（即使是可选的）的人，给予了许可证管理员极大的信任。

事实上，因为内核开发项目是在没有贡献协议的情况下进行的，所以很可能无法重新考虑许可证（关于原因，请参见第 16 章）。GPLv2.0 和 GPLv3.0 并不兼容——程序必须基于其中之一。[1] 因此，可以将基于 GPLv3.0 和“GPLv2.0 或任何后续版本”的程序代码组合在一个程序中——这意味着整个程序将基于 GPLv3.0 进行许可。但是，不可能将基于 GPLv3.0 和“仅 GPLv2.0”的软件进行组合。

假设一个项目可以使用两者中的任一版本，那么该项目在任何时候都可以只选择后一个版本。在 GPLv3.0 发布后，除了 FSF 运营的项目（如 GCC 和其他 GNU 工具），并没有太多项目进行这种“迁移”。

GPLv3.0 是对该许可证的全面重写，原文本所剩无几。然而，（二者）只有

1　Richard Stallman, “Why Upgrade to GPL version 3?” a communication distributed to the comment committee distribution list on May 31, 2007.

少数几个重大的实质性差异，大多数修改是为了澄清 GPLv2.0 的本意及为满足 21 世纪的法律和技术背景而进行的更新。实质性差异按照重要性程度大致列举如下：

- 衍生作品（或范畴）的定义；
- 著佐权触发器的定义；
- 专利许可；
- 其他专利条款；
- 混淆和禁用（“反 Tivo 化”）；
- 数字版权管理（Digital Rights Management，DRM）条款；
- 《数字千年版权法案》（Digital Millennium Copyright Act，DMCA）条款；
- 公司交易的影响。

10.3 “衍生作品”问题

对于大多数企业用户而言，GPL 软件的最大问题在于其范畴。哪些软件必须基于 GPL 提供？GPLv2.0 在该问题上造成了很大的混乱（详细分析见第 8 章）。GPLv3.0 采取了积极措施来澄清该问题。

GPLv2.0 主要将该问题视为什么是衍生作品的问题，而 GPLv3.0 则摆脱了这一算法。**衍生作品（derivative work）**一词主要源自美国的法律，而 GPLv3.0 的目标之一是使许可证国际化。

GPLv3.0 对范畴的表述主要转向了**对应源代码（Corresponding Source）**的定义，其中包括“与该作品源文件相关联的定义文件，以及该作品特别设计所需的共享库和动态链接子程序的源代码（例如通过这些子程序与该作品其他部分之间的紧密数据通信或控制流）”。GPLv2.0 将动态链接的文件必须纳入其范畴这一问题留给了外部解释证据，而 GPLv3.0 则吸收了 FSF 之前对 GPLv2.0 在这个问题上的 FAQ 的一些表述，虽然可能仍需要解释“紧密”通信，但 GPLv3.0 已经明确了动态链接文件是必须纳入其范畴的。

GPLv3.0 还明确了标准语言库（即使链接到 GPL 代码）也不需要基于 GPL。在 GPLv2.0 发布之后和 GPLv3.0 发布之前的时间里，运算变得更加分层：今天的运算环境通常包括多个语言平台或虚拟机。GPLv3.0 并不是在用户空间和操作系统空间之间划一条线，而是允许集成多个平台层，且不需要一个单一许可范例来覆盖它们。

10.4 著佐权触发器

GPLv2.0 的著佐权触发器是分发（详见第 6 章）。然而，**分发（distribution）**这个词在美国版权法中比较特殊。因为 GPLv3.0 的目的是使许可证国际化和清晰化，所以为避免转向采用美国法的定义而大幅修改了措辞。在起草过程中，对于是否要堵住**云服务漏洞（cloud service loophole）**，即以 SaaS 方式提供软件而不提供源代码的意见分歧很大。自 1991 年 GPLv2.0 发布到 2007 年起草 GPLv3.0 项目之间的十几年中，软件行业经历了从内部安装软件到 SaaS 的巨大变化。有些人认为，这使得搭便车者能够在不共享源代码的情况下使用大量商业 GPL 软件；另一些人则认为，改变这一规则会对将合规流程建立在对软件是否分发基础上的行业造成破坏。

GPLv3.0 中引入了两个新的技术术语：**发布（conveying）**和**传播（propagating）**。只有发布才会触发著佐权要求。GPLv3.0 明确规定，“仅通过计算机网络与用户交互而不传送副本，不属于发布”。传播是一个更广泛的术语，可能包括某些人所说的（令人困惑且不准确的）**内部分发（internal distribution）**或使用 SaaS。

10.5 专利权

GPLv2.0 不包含明示的专利许可。从 1991 年 GPLv2.0 发布到 2007 年 GPLv3.0 修订的过程中，其他开源许可证的修订包含了明示的专利许可。在此期间，软件专利变得更加普遍。FSF 的立场是，虽然 GPLv2.0 中没有明示的专利许可，但存在默示许可。由于默示许可的法律不明确，因此该默示专利许可的范畴也不明确。

GPLv3.0 中的明示许可范畴是一个折中方案，在起草过程中，专利条款是争议的导火索。最后，GPLv3.0 包含的明示许可与其他著佐权许可证及 Apache v2.0 类似，但相比之下可能更加宽泛。与其他许可证条款一样，GPLv3.0 的专利授权仅适用于软件的贡献者。因此，没有基于明示许可授予“单纯的再分发者”任何权利。许可证扩大到贡献者的“基本专利权利要求”，即贡献者“拥有或控制的”专利（“无论是当前已经获得的还是以后将获得的”）。

大多数其他有明示专利许可的开源许可证都有防御性终止条款。确切地说，GPLv3.0 虽然没有（防御性终止条款），但其第 10 条中包含了具有类似效果的条款。

> 您不得对基于本许可证授予或确认的权利行使施加任何附加限制，例如，您不得对行使基于本许可证授予的权利收取许可费、版税或其他费用，也不得提起诉讼（包括诉讼中的交叉诉讼或反诉）主张通过制造、使用、销售、许诺销售或进口本程序或其任何部分侵犯了任何专利权利要求。

据此，被许可方指控 GPLv3.0 软件的任何专利主张都将违反本许可证，不仅会终止他人授予的专利许可，还会终止他人授予的版权许可。

专利许可的授予最终没有引起太大的争议。鉴于类似条款在其他开源许可证中已实施多年，这已经成了一种惯例。争议的焦点在于最终草案中增加的所谓“反微软”和“反 Novell”专利条款。这些条款是在起草工作接近尾声，社区几乎没有提出意见的情况下添加到草案中的，因此，无论从实质还是起草角度来看，均未就该条款的合理性从社区分享中受益。大多数 GPLv3.0 读者都认为这些条款令人困惑。

微软与 Novell 的交易涉及微软承诺就 Novell 分发的软件不进行专利主张，Novell（可能最终是其客户）为此支付费用。在本案中，微软避免了发布 GPL 代码，从而避免了默示专利许可，但却因授予专利权而获得了一笔费用，并从 Novell 公司的相关营销交易中获益。显然，FSF 希望使这种安排与 GPLv3.0 许可证不符。

GPLv3.0 的第 11 条规定如下。

> 如果您发布（明知依赖某专利许可的）被涵盖作品，且该作品的对应源代码并不是任何人均可根据本许可证条款通过公开的网络服务器或其他可随时访问的方式免费复制的，那么您必须：(1) 以上述方式提供对应源代码，或 (2) 放弃从该特定作品的该专利许可中获益，或 (3) 以符合本许可要求的方式将专利许可扩展至下游接收者。"明知依赖"是指您实际知悉，如果没有该专利许可，您在某国发布被涵盖作品或您的接收者在某国使用被涵盖作品时，将侵犯您有理由相信在该国有效的一项或多项可识别专利。

这段话乍一看很难理解，但遵守起来却相对容易，只要采取选项（1）并使"任何人都可以根据本许可条款免费复制""对应源代码"。从理论上讲，对应源代码可获取，可使该软件的接收者更容易设计出规避专利侵权主张的方案。虽然该条款的实用性值得商榷，但它并不存在任何棘手的解释性问题。所有根据 GPLv3.0 发布作品的人都有义务提供源代码，该条款只要求向所有接收者提供源代码。该条款最简单的合规途径是将该代码置于一个可公开访问的网站上。

第 11 条的另一段表述如下。

> 如果根据一项交易或约定，您发布或通过促成发布来传播被涵盖作品，并向该被涵盖作品的某些接收方授予专利许可，授权其使用、传播、修改或发布该被涵盖作品的特定副本，则您授予的该等专利许可将自动扩展至该被涵盖作品及其衍生作品的所有接收者。

当然，如果被许可方（"您"）无权向每位接收者都授予专利许可，则该规定并不能使您有权这么做；大致上，如果被许可方不能授予这么宽泛的权利，就会违反该许可证。因此，发布 GPLv3.0 作品的被许可方（“您”）必须要么对所有接收者明确专利权，要么对任何接收者都不明确专利权。当然，这就排除了可能采取的其他商业模式，但很少有公司会对这种策略感兴趣。这可能是 GPLv3.0 中最麻烦的条款。许多专利许可是为解决最终专利诉讼而被授予的。在和解中获得专利许可的被告（被许可方）几乎无法通过协商获得足够宽泛的权利来遵守该条款。因此，面对第三方的专利主张，被许可方可能不得不在诉讼和解与发布该 GPLv3.0 软件之间做出选择。这是一种可能会导致被许可方并非因为自身过错而不得不停止使用该 GPLv3.0 软件的商业风险。

最后，第 11 条包含如下规定。

> 如果某专利许可未将本许可证明确授予的一项或多项权利包括在自身许可范围内，或以禁止行使上述权利或不行使上述权利为条件，则该专利许可具有“歧视性”。如果您与第三方达成与软件分发业务相关的约定，根据您发布本作品的活动程度由您向该第三方付费，则满足以下条件之一时，您即基于前述约定向从您那接收被涵盖作品方授予了歧视性专利许可：(a) 该专利许可与您发布的该被涵盖作品副本（或基于该等副本产生的副本）有关，或 (b) 该专利许可主要针对且涉及包含了该被涵盖作品的特定产品或软件集合，除非该约定或该专利许可系您于 2007 年 3 月 28 日前达成，否则您不得发布该被涵盖作品。

这项规定显然是为了防止像 Novell 公司与微软公司之间达成的这种交易出现；Novell 公司的做法与此处所述大致相同。然而，该条款末尾的日期（2007 年 3 月 28 日）却晚于该交易的时间（2006 年 11 月）。这个日期是涉及此交易表述的第一份 GPLv3.0 讨论草案的日期，但该交易是在该日期之前达成的。

10.6 DMCA

《数字千年版权法案》于 1998 年（介于 GPLv2.0 发布和 GPLv3.0 发布之间）开始实施。因 DMCA 涵盖了几个不同的主题，对该法律的讨论可能会令人费解。DMCA 还为在线服务提供商提供了一个避风港——在线服务提供商是个有时会被涂上同样色彩的独立主体。自由软件所关注的内容是新闻中最受关注的部分：在版权法中增加了一条规定对通过反向工程规避版权保护的行为进行民事和刑事处罚的奇怪条款。这个规定之所以奇怪，是因为它涵盖了版权法主条款没有规定的行为。该规定在法律中被迅速援引，以防止由其造成的可能从未预料到的行为。[1] 该条款通过的部分原因是为了使娱乐业能够实施 DRM 技术。

虽然自由软件社区倾向于反对 DRM 技术，但更多是围绕内容问题而非软件问题。然而，开源软件一个由来已久的功能就是破解各种安全措施。GPLv3.0 的反 DRM 条款在起草过程中几经修改，并在利益相关方之间引发了很大分歧。有些人担心，任何这样的规定都必须足够笼统，以将合法的安全功能排除在外。开源定义要求不得歧视任何领域的贡献者，因此，排除 DRM（或其他任何类型的功能）基于 GPLv3.0 获得许可，及排除增加该功能的修改都是无法接受的。GPLv3.0 中的该最终条款很少被引用，且已淡化到没有争议的地步。

GPLv3.0 的第 3 条规定如下。

保护用户的合法权利免受反破解法限制

基于 1996 年 12 月 20 日通过的《知识产权组织版权条约》第 11 条的任何适用法或类似禁止或限制技术措施破解的法律规定履行义务时，不应将任何被涵盖作品视为有效技术措施的一部分。

当您发布被涵盖作品时，您放弃了通过任何法律权力来禁止通过行使被涵盖作品基于本许可证的权利而实现的技术措施破解，且您不得意图通过限制用户对本作品的操作或修改来确保您或第三方禁止技术措施破解的法定权利。

换言之，基于 GPLv3.0 的再分发者不能既要求享有该许可，又根据 DMCA 的这一条款提出诉讼请求。这两个立场是对立的，这么做将（可论证地）构成第 7 条所禁止的“附加限制”。

---

1 See Chamberlain v. Skylink, 381 F.3d 1178 (Fed. Cir. 2004); and Lexmark Int'l, Inc. v. Static Control Components, Inc., 387 F.3d 522 (6th Cir. 2004).

10.7 禁用和混淆[1]

GPLv3.0 第 6 条包含旨在解决所谓的 Tivo 化（Tivoization）问题的条款。自由软件倡导者担心，虽然 GPL 要求交付源代码材料，但并未明确要求再分发者允许软件接收者能够在嵌入该软件的产品中改变和安装该软件。从表面上看，对于嵌入式系统中的软件而言，很难以有意义的方式遵守 GPL。假设您分发了一个包含 GPL 软件的烤面包机，该软件的编写或调试并不是在烤面包机上进行的，该软件是在可能包括运行于标准计算机系统上的模拟调试工具来模拟面包机操作的开发环境上编写的。您如何向该软件接收者提供该软件的修改方法呢？这在某种层面上是不太可能的，或者需要您提供原型设备——这显然不是 GPL 的要求。大多数嵌入式系统开发者遵守 GPL 的方式是提供在标准环境中编译的源代码。

此外，物理设备的用户能够修改嵌入式软件可能会导致严重的维护或安全问题。当软件被修改时，有些供应商通过引入禁止操作或连接到通信网络的技术来锁定其所在设备。这不是一个有明确解决方案的问题。如何在接收者修改软件的自由与防止由软件缺陷导致物理损坏或安全漏洞的需求之间进行平衡？

第 6 条只适用于某些类型的产品。该条将**用户产品（User Product）**界定为消费品（consumer product）或为装入住宅而设计或销售的所有物品。请注意，该处的重点在于产品（product）而非用户（user），开源的定义不允许对用户进行区分。该条规定要求分发者必须提供安装信息。

> 用户产品的“安装信息”是指将用户产品中的被涵盖作品的对应源代码的修改版本安装和运行于该用户产品中所需的所有方法、流程、认证密钥或其他信息。这些信息必须足以确保修改后的目标代码的继续运行不会仅因进行过修改而被阻止或干扰。
>
> 提供安装信息并不要求为接收方修改或者安装的作品或含有修改或安装作品的用户产品继续提供支持服务、品质担保或升级。当修改本身对网络运行有实质性的负面影

1 这有时被称作“Tivo 问题”。我对 Tivo 或其实践不做评价，这只是一个自由软件世界中常见的速记词。

响或违反网络通信规则和协议时，其网络访问可能会被拒绝。

为消除多方的顾虑，尽管起草过程中加入了“分拆（carve-out）”条款，但许多消费电子公司仍不愿使用基于 GPLv3.0 的代码。他们认为，提供这些信息对其业务有很高的潜在风险。

10.8 Affero GPL

因从 GPLv2.0 到 GPLv3.0 的过程中并没有改变著佐权的触发门槛，故自由软件基金会（FSF）为弥补该漏洞发布了一个 GPLv3.0 的变体。在此之前，有几个许可证将 SaaS 的使用设定为触发著佐权问题的门槛。其中最著名的是 Affero 公司创建的 Affero GPL。GPLv3.0 之前的 Affero GPL 版本表述如下。

> 如果您收到的本程序旨在通过计算机网络与用户交互，而且在您收到的版本中，与本程序交互的任何用户都有机会请求向其传输本程序的完整源代码，则您不得从您的程序修改版本或基于本程序的作品中删除该便利（facility），而且必须为所有通过计算机网络与您的程序进行交互的用户提供请求通过 HTTP 立即传输您的修改版本或其他衍生作品完整源代码的同等机会。

FSF 将该理念纳入了 GPL 的一个被称作 Affero GPLv3.0 的变体中，该许可证除了在网络上提供软件会触发要求提供源代码的著佐权条件外，其他均与 GPLv3.0 完全相同。其包含如下条款。

> 远程网络交互；与 GNU 通用公共许可证一起使用。
>
> 尽管本许可证存在其他规定，如果您修改本程序，必须在该修改版本的显著位置为所有通过计算机网络与之进行远程交互（如果您的版本支持这种交互）的用户提供获取您的版本对应源代码的机会，以某些标准或便于软件复制的惯常方式允许从网络服务器免费访问该对应源代码。该对应源代码包括根据下段纳入的被第 3 版 GUN 通用公共许可证涵盖的所有作品的对应源代码。

请注意，这些条件只适用于您对软件进行修改的情况。纯粹的用户不需要提供源代码。部分原因在于，该许可证并未普遍使用，尚不清楚什么构成**交互**

（interaction）。例如，如果该许可证涵盖了一个语言引擎，而您对该引擎进行了修改，并为在线用户提供以该语言执行的程序，那么该语言引擎是否会与用户进行远程交互？还是需要（比如与 GUI 或应用程序）直接交互？没有人知道答案。

多年来，最受欢迎的一个基于 AGPL 的程序是名为 MongoDB 的数据库引擎。MongoDB 是基于双重许可提供的，所以任何对这个问题有所顾虑的人只需选择替代许可证即可。然而，2018 年，MongoDB 被换成了新起草的 SSPL 许可证，这将在第 22 章中详细讨论。

Affero GPLv3.0 还表述如下。

> 尽管本许可证存在其他规定，您可以将任何被涵盖作品与基于第 3 版 GNU 通用公共许可证许可的作品链接或组合为一个单一作品，并将其发布。其中被涵盖作品部分将继续适用本许可证条款，但与其组合的作品仍将适用第 3 版 GNU 通用公共许可证。

GPLv3.0 在第 13 条中包含了对应的内容：

> 与 GNU Affero 通用公共许可证一起使用。
>
> 尽管本许可证存在其他规定，您可以将任何被涵盖作品与基于第 3 版 GNU Affero 通用公共许可证许可的作品链接或组合为一个单一作品，并将其发布。其中的被涵盖作品部分将继续适用本许可证条款，但该组合作品本身将适用第 3 版 GNU Affero 通用公共许可证第 13 条与通过网络进行交互相关的特殊要求。

这使得两个许可证可以横向兼容，可以在一个程序中将 GPLv3.0 代码和 Affero GPLv3.0 代码进行组合。

10.9 Apache v2.0 许可证的兼容性

在 Apache v2.0 与 GPLv2.0 是否兼容的问题上闹得不可开交后，GPLv3.0 起草项目致力于冰释前嫌。Apache v2.0 和 GPLv3.0 被宣布为是兼容的（尽管考虑到很多人不理解最初的兼容性争论），但该问题的解决方式似乎有点简单过头了。无论如何，FSF 显然认为，在 GPLv3.0 中加入专利和其他条款便可使二者兼容。

第 11 章 开源政策

如今，通常认为，对公司而言，最佳实践是制定书面开源政策。在某些法律领域（如劳动法），制定书面政策的事实与责任有直接关系，但对于开源而言，政策完全是功能性的。版权侵权在很大程度上是一种**严格责任（strict liability）**制度——也就是说，意图并不是侵权要素（故意侵权会导致较高的法定损害赔偿金，但相较于专利法故意侵权，版权故意侵权金额提高的部分相对较小）。因此，不会仅因为公司有一个书面政策就得以对员工的侵权行为豁免责任。一个人人无视的书面政策是毫无价值的，事实上，它还可能会因为发出了公司在发生侵权行为时睁一只眼闭一只眼的信号而适得其反。

书面政策既不需要很长也不需要很复杂。但当一个公司有多个可能在不同国家说不同语言的开发团队时，书面政策尤其有用。有了书面政策，这些团队就有时间和机会阅读并理解政策、提出问题，并在必要时查阅政策。

然而，并没有一个放之四海而皆准的政策。如果您正在考虑为您的业务制定一套开源政策，则需要考虑以下事项。

11.1 从小事做起

一项稳健的开源政策通常涵盖几个主题：合规流程、代码发布和贡献，以及供应商合同和其他交易的基本要求。蓝橡树委员会在 https://blueoakcouncil.

org/company-policy 网站上提供了一个涵盖了基本合规问题的不错的政策范本。我自己的网站上提供了一个更健全的政策范本。关于如何获得有用的政策范例的说明，请参见本书最后一节。

贵公司最初可能并不需要添加所有主题。大多数公司都始于合规，像贡献、代码发布和交易条款这样的主题可以在公司准备好的时候再添加。在此之前，这些元素通常都是临时处理的。

11.2 业务流程

政策必定附随其流程。政策只描述了某些检查和流程，然后业务必须依此实施。例如，如果需要经过工程经理或法律部门的批准，才能将 GPL 代码用在产品中，则公司可能希望用一种方式来自动生成该请求。另外，每家公司都需要考虑如何获取和存储其所使用的开源软件的信息。使用电子表格是个非常糟糕的方法，只有易于更新且更新包含在开发和发布周期中的方法才有用。公司还应该考虑在开发周期中何时需要应用开源的“批准印章”。越是临近发布，为遵守开源许可证而进行的任何代码补救或替换就越有可能推迟发布，或者为满足发布的日期要求干脆放弃补救。

大多数当代开源合规工具（如 FOSSA 或黑鸭子）都可以帮助您自动实现该过程。近年来，开源合规工具的主要改进不仅仅在于发现问题，而在于更好地进行用户交互，并聚焦于流程实施。

11.3 人员配置

各个公司指定的负责批准企业使用开源软件的申请人的头衔会有所不同。有的公司希望节约法律部门的资源并将一些决定权委托给工程管理部门；有的公司则采取相反的做法，将问题委托给法律部门；有的公司有一个处理开源事务的委员会（通常由法律、工程和管理领域的代表组成）；有的公司聘请专业的律师助理或律师来处理开源事务。大多数开源合规事务可以由受过最低限度但扎实的工程和法律培训的人处理。随着公司审批量的增加，需要将决策下放到操作层面，这样高级管理层就不需要负责常规或重复性的决策。因为在公司的一个产品中运行良好的代码可能在所有产品中都运行良好，因此经常有使用相同开源软件的重复请求。

11.4 基于许可证的审查

政策范本的重点是根据约束软件的许可证对软件进行审查，这也是大多数公司审查其开源软件可能的使用情况的方式。然而，有充分的理由采取更细致的方法。有些公司对开源软件的使用采用逐包审查和审批，这种情况最常见于公司高度关注安全问题或客户对产品资质有严格要求的情况。有些公司建立了一个“沙盒”，公司使用的所有开源软件都必须从这个沙盒中选取，且禁止直接从互联网上下载。有些公司还会审查开源软件是否存在专利侵权或其他法律问题（如出口管制）。因此，该政策范本采取了仅根据许可证进行审查的轻量级审查方式。

11.5 使用场景

针对提供 SaaS 业务的公司的政策可能不适合消费电子产品公司，反之亦然。二者处于开源风险图谱的两端。根据前者的风险偏好，其对开源风险的审查可能比对其他公司少得多。然而，提供 SaaS 业务的公司应该牢记，将开源合规政策建立在分发的基础之上，可能会导致严重的后果。大多数提供 SaaS 业务的公司最终都会分发其产品——无论是给那些想用软件的私有实例来管理监管问题或安全问题的客户，还是给企业合作伙伴或关联公司，或者给利益继承人。所以，无法善终之事就不要开始——将 GPL 代码与专有代码混在同一个程序中（特别是在细粒度的层面上），很可能会在某一天出现问题。另外，那些认为自己对开源风险有免疫力的公司也会受到诱惑而忽略存档。综上所述，这些做法可能意味着软件永远都无法分发。然后，当公司决定将分发作为其下一项业务举措时，对于不进行大量重新设计和代码审计工作就无法进行分发的消息，将没有人愿意传达。

第 12 章

代码审计和尽职调查

虽然大多数代码审计是在投资、面向企业的销售或其他类似交易时进行的，但还有一些代码审计是在面向消费者的销售时进行的，或者仅仅被作为一种建立负责知识产权健康管理的内部业务控制的过程。如今，许多客户在购买软件许可时坚持要求全面披露开源组件。事实上，如果要把产品分发给客户，供应商有义务以适用开源许可证要求的许可声明形式向客户提供这些信息。所以，企业应该做好随时披露其产品中的第三方开源软件的准备。在对公司的合规性做出保证前，最好为应对这一挑战做好准备。

12.1 开源合规挑战

与专有许可（可能需要持续跟踪软件的用户、服务器或使用场景）合规要求相比，开源合规并不是特别难。事实上，在概念层面，开源软件在大多数情况下很容易合规。只有第 6 章和第 8 章中讨论的一小部分使用场景会引发潜在的复杂法律问题。但是，开源合规确实涉及某些信息管理方面的挑战，当人们称开源合规很难时，通常指的是这种跟踪和披露信息的需求很难被满足。

由于开源软件往往会规避业务流程，因此出现了信息管理方面的挑战。相比之下，如果您必须从专有供应商那里获得软件许可，则必须首先支付一笔许可费。大多数企业都有监控费用支付情况的内部控制措施：如果您必须向许可方开具支票，就必须签署一份许可协议，而该许可协议必须经过法律审查，这就会引发律师或合同谈判人员考虑公司设想的使用是否合规，以及根据该许可条款所要支付的费用是否合理。然而，开源软件总是免费的，而且通常可以从互联网上自由下载而无须签署任何协议或支付任何费用。这意味着，对于大多数组织来说，并没有监控软件初始使用情况的内部控制措施，因此公司不会事先考虑是否能够遵守许可证，而把开源合规留作待事后处理的“清理”事项。

因此，许多公司发现，他们不知道自身用的是什么开源软件，也不知道自身是否遵守了开源许可证。在这种情况下，公司可能会启动代码审计。或者，当潜在买方或客户提出对开源软件及许可证的要求时，公司往往会被迫启动代码审计。

12.2 快照、调查和标题搜索

有两种代码审计方式——快照和协议。如果要求您为支持一项像投资或收购这样的交易进行代码审计，那么您很可能会采用快照的方式。快照可以及时识别您的代码库中开源软件在某一特定时刻的情况；对于收购而言，快照将识别该交易将完成的时刻。然而，对于那些开源合规比较成熟的公司而言，则希望确保自身始终合规，而不仅仅是在别人提出这种要求的时候才合规。因此，他们会随着产品代码库中代码的添加或更改而持续进行尽职调查工作，为此，他们需要执行商业协议以收集和管理开源许可信息。

开源代码审计与所有其他代码审计一样，都是在寻找问题，但永远不能确定是否已发现所有问题。代码审计的关键在于从财务和技术上尽力消除最重要的问题。尽力的合适程度取决于您认为错误的风险有多大，而这又取决于您进行代码审计的软件的使用情况以及您对用于管理开源许可合规的现有内部控制的评估。

代码审计没有唯一正确的方式。律师们经常被要求决定是否聘请代码扫描顾问来审计代码。这么做永远都不会错。然而，聘请顾问就像买保险一样：可能有用，但不一定在所有场合都是个好的商业决策。您可以把所有钱花在风险管理上，但只有把钱花在真正能降低可衡量风险的活动上才有意义。

从经济学角度而言，有一个判断依据如下：

AC < R*L

其中，AC 表示代码审计成本，R 表示问题风险，L 表示问题发生后的损失。

因此，不值得花大价钱去找一个损失可能很小的问题。风险和损失取决于使用场景和您对公司内部控制的评估。如果一家公司对开源软件的使用没有内部控制，则 R 会比较高。如果软件在消费电子产品中分发，那么其 R 和 L 会比 SaaS 产品都高。

要判断一家公司是否有开源合规流程的内部控制并不难——您一问便知。例如，如果您要求提供产品中的开源代码清单，若该公司没有这样的清单（或者不理解这个问题），那么该公司很可能没有适当的合规流程。在这种情况下，雇一个代码扫描员是必不可少的。然而，如果公司提供了一个看起来合理专业的开源代码和许可证清单，您可能会判断雇代码扫描员不太可能获取到就风险而言很重要的额外信息。

自动代码审计有两种重要的方法：取证匹配（forensic matching）和字符串搜索（string searching）。像黑鸭子软件（现在归 Synopsys 公司所有）、FOSSA 和 Palamida（现在归 Flexera 公司所有）这样的公司提供的服务称作取证匹配。换言之，他们检查特定代码库的源代码，并将其与已知开源代码进行匹配。他们通过检查作为审查“基本事实（ground truth）”的专有数据库来识别已知开源代码。另一种方法是运行一个常被程序员称作 GREP（一个古老的进行字符串搜索的 UNIX 例程的名字，Global Regular Expression Print，全局正则表达式打印）的字符串匹配程序。这类程序将源代码中的字符串（在编程语言中指多个文本字符）与正则表达式（即目标模式，有时还使用通配符）进行比较，用以查找完全相同的授权条款（如版权声明和许可声明）。

使用 GREP 就像在搜索引擎中输入一个查询词条。例如，如果您在代码库中搜索“copyright”“Copr.”或“license”，会发现版权声明和授权声明，可能还有很多无关项目。像 FOSSology（一款开源合规工具）这类程序，就采用了这种方法。这些程序不与任何基本事实数据进行比较。

您也可能被要求根据公司存档进行代码审计。大多数情况下，这种自我披露以电子表格或文本列表的形式列出软件和许可证。这两种方法的区别就像土地调查和标题搜索的区别。取证匹配就像（土地）调查，查看实际存在的东西，并试图将其映射到已知信息上。字符串匹配或自我报告就像标题搜索，它看的是人们对代码许可的记录，并假定这些信息可靠。

事实上，这两种方法都不是万无一失的，也并非没有挑战。一方面，取证匹配不太容易出现漏报，这种方法可以找到从被审计软件中删除了版权声明和许可声明的开源代码。这种删除许可声明的做法虽然被视为不太好的编程处理方式，但时有发生。然而，取证匹配很容易出现其发现的潜在问题并非实际问题的错报。另一方面，GREP 方法识别不出已被删除或未适当保存许可信息的代码。因此，GREP 方法在识别整个包、文件或开源代码库方面非常有用，但可能并不适用于代码碎片或片段的识别。

在代码审计工作中，漏报比错报更危险。因此，恰当的代码审计技术应该倾向于零漏报和错报最小化。为了更好地理解这一点，请考虑以下看似悖论的问题：大多数某种重疾检测呈阳性的人可能并没有得这种病，这是否意味着检测错误？不，这可能意味着该检测是为了避免假阴性（漏报）设计的。如果检测呈阳性，就会为了剔除假阳性而进行更精准的检测。第一道检测比后续检测的人群基数更大，所以第一道检测产生的假阳性比后续检测发现的真阳性多得多。任何一种检测的审计都是以这种方式进行的。

但结果是，代码审计工作生成的报告可能极难审核。这些报告往往包括很多错报（假阳性）或“噪声”。每个代码库都会有一些从其他地方获取的小代码片段，但并非所有这些片段都构成侵权。对于很常见的代码行，可能很难分辨其原始来源。另外，版权法也不会保护对受版权保护的材料的所谓**微量**（minimis）使用。

所有这些的要点在于，代码审计报告给到您的只是信息而非答案。

12.3　制定规则

您一旦进行了这样的代码审计，就必须确定您所发现的信息是否与您所设定的合规标准相符。对于许多公司而言，这些标准体现在开源软件政策中（关于开源政策的更多信息，请参见第 11 章）。不同公司对风险的容忍度不同，不同使用场景的风险特征也不同。但是，有一点可以肯定：如果您没有适用的标准，就无法判断一个代码审计是否通过了您的标准。

今天，大多数进行代码审计的公司都认为不用太担心宽松许可证。当然，分发包含基于宽松许可证许可的开源软件代码需要发布一份声明，因此一些基本的合规总是必要的。然而，即使管理上很麻烦，发布声明几乎总是可能的。因为担心以一种导致即使所有信息均已知并且采用许可声明也不可能合规的方式构建被审计软件，人们在审计中往往寻找著佐权软件（特别是基于 GPL 和 LGPL 等许可证的著佐权软件）。例如，如果一个专有应用程序使用了 GPL 库，那么就不可能同时遵守这两种许可协议。

12.4　自我披露的危险

自我披露通常是框架性的、不准确的且具有误导性的。自我披露通常包含与所包含的开源代码（至少在软件包级别上如此）相关的正确信息。开源组件列表通常由软件的构建指令生成。编译器必须得到包级信息才能构建产品，因此这些信息非常可靠，但这些信息并不包括任何许可证信息。在典型的开源自我披露中，许可证信息是人为准备的。然而，以下任何或所有问题常常会导致许可证信息非常不准确：

- 缺少许可证信息；
- 没有许可证版本号；
- 许可证信息冲突；
- 列出了非开源软件。

此处是一个假定的自我披露：

```
Linux...GPL
Jboss...LGPL
GCC...GPL
XYZ...GPL/MIT
Java...GPL
Adobe...public domain
```

该自我披露的问题在于：没有许可证版本号、其中一项明显不准确（Adobe 不是一个具体软件，很可能既非开源也非公有领域）、有一项提到了双重许可证但没有解释（通常——但并不总是，意味着该许可方可以进行选择）、有一项（GCC）是一个不可能出现在产品中的开发工具、Java 一般属于 GPL+FOSS 的例外情况。纠正自我披露是代码审计领域长期以来的一种消遣。以代码审计为业的人，会看到各种奇怪的自我披露，其中我个人最喜欢的是“GNU BSD”。因此，如果您是在自我披露的基础上进行代码审计，除非您相信信息来源并知道如何定位和审查信息，否则就不应该依赖您所得到的许可信息。

这意味着进行代码审计的人要花很多时间从包级清单开始研究许可条款。许可条款研究起来可能很棘手。例如，如果告知您一个代码库中包含一个叫作 FOOBAR 的软件，您的第一步将是在搜索引擎中搜索 FOOBAR。如果您够幸运，便会找到一个注明许可条款的 FOOBAR 项目页面。在这个阶段，有几件事可能会出错：叫 FOOBAR 的项目可能不止一个、可能没有任何叫作 FOOBAR 的项目，或者项目网页上可能没有清晰展示 FOOBAR 的许可信息。

此外，如果您花心思下载了 FOOBAR 的源代码，您可能会发现，该项目中的许可声明与项目网页上显示的并不一致。

因此，与其说研究许可条款是一门科学，不如说它是一门艺术。运营良好的项目会在网页上清楚标示许可条款，而且当下载代码时，该许可条款会与代码中实际存在的许可声明一致。运营不好的项目可能没有许可条款或许可条款不一致。云开发平台 GitHub 作为没有许可条款的项目而闻名。不幸的是，如果没有采用许可条款，则默认为没有被授权使用该软件。在这种情况下，无法做到合规。

如果您看到的许可条款相互冲突，比如一个项目网页上标明了一个许可证，而在源代码复制文件中标明了另一个许可证，您应该合理地判断哪套条款正确。如果一个项目似乎没有适当照顾上游权利，您可能需要尝试确定代码的来源，以确定必须使用哪些许可证。一般来说，实际存在于源代码中的许可证会是比较可靠的指标。但该查询并没有什么特殊之处。假设许可方自身在尽职调查上犯了错，您可以信赖作者在该软件中所采用的所有许可证。在软件中放一个许可声明，通常足以表明作者采用这些许可条款的意愿。

12.5　版本控制

有时，因为项目已经改变了其许可条款，因而代码审计过程中提供给您的许可条款可能不准确。换言之，您要审计的代码的软件声明中的许可证可能正确，但它可能与当前可用的该软件版本中的许可条款不一致。避免该问题的方法之一是要求代码审计披露版本号。许可证变更几乎总是与重大更新的发布相吻合，所以如果您有软件版本号，通常便可从公开来源检查许可证。最常见的情况是，一个项目变更为更宽松的许可条款，而不是更严格的许可条款，所以这种现象通常不会引起代码审计问题。事实上，如果审计代码库中的软件版本所适用的许可证限制性太强，那么转到后续版本就有可能可以解决这个问题。

12.6 解决问题

如果您在代码审计中发现了一个问题，一定要思考解决方案（这句话主要是为了律师的利益。工程师总是在思考解决方案；律师们有时则似乎认为其工作是发现问题，然后就此打住）。几乎每个代码审计问题都要么有一个工程解决方案，要么有一个许可解决方案，或者两者兼而有之。所有如下这些可能的解决方法都可以参考。

- **删除**。在任何代码库中，都有非常多的代码未被使用。对这种情况的解释多种多样，但最常见的解释是，这些代码曾用于测试但没被用于最终产品。一个软件产品的实际二进制文件不需要包含产品构建的源代码库中的所有代码。因此，如果您发现了一个许可问题，您第一个应该问的问题是，“这段代码在产品中实际存在吗？如果实际存在，我们能否把它删除？”
- **替换**。开源软件包往往是作为流行专有软件的替代品创建的，反之亦然。因此，如果开源条款是一个问题，您可能可以找到一个专有替代品，可以用最小的工程量来替换该开源软件包。通常情况下，专有替代品并不贵——毕竟有免费的替代品。
- **重新设计**。这是人人都想避免的选择，因为这种选择既昂贵又耗时。当然，除非问题涉及 GPL 或 LGPL（因为这些许可证的条件依赖软件的集成方式），否则这种情况很少发生。
- **重新授权**。如果基于许可证条款提供的开源软件与您所审计的使用场景有冲突，您可以询问作者是否愿意提供一个替代许可。显然，这种方法对大多数主要项目（如 Linux 内核或 Apache Web 服务器）而言行不通，这些项目的许可条款是根据项目理念设定的。重新授权对个人作者而言效果最好。需要注意的是，如果一个项目有一个以上的作者，而您又在寻求替代许可，您可能必须要找到所有作者并与他们都达成协议。

12.7 代码审计和并购

所有曾参与过并购（M&A）交易的人都知道，在该交易范围内完成开源代码审计是很艰难的。尽管在并购交易中使用扫描代码的方式较以往更为流行，但大多数并购中的尽职调查仍基于自我披露。不幸的是，这些披露往往在交易过程的后期才出现且极不准确，所以往往会造成来不及解决的问题。如果您正在经营一家初创企业，您可以通过从事最基本的开源合规工作并对您正在使用的开源软件进行存档来有效简化投资交易和面向企业的销售。对自身产品进行预审可以为您节省很多时间和麻烦，并使贵公司在尽职调查过程中显得更加专业（详情请参见第 17 章）。

如果目标是要符合一个名为 OpenChain 的标准，则可能要细化一些细节，该 OpenChain 标准确定了恰当的开源合规计划的关键要求。该规范简短易懂，并涵盖了诸如制定书面政策和在组织内培养专业人才、确定物料清单流程以及基本合规流程等主题。OpenChain 允许采用者为满足自身要求对流程进行灵活选择。OpenChain 是对流程的表述，而并购陈述更多关注的则是该流程的结果。

第四部分

PART 4

与专利和商标的交集

第 13 章

开源和专利

软件专利面临很多大环境的掣肘——开源社区强烈反对专利。但无论软件专利是好是坏，都是法律的一部分。[1] 很难找到就开源软件和专利之间交集的客观且实用的分析，所以商务人士需要一个框架以便根据当前的法律规则对软件专利做出理性的决定。

本章包括两个主题：一是政策问题，涉及第三方专利（没有参与开源许可的一方所拥有的专利）如何影响社区使用开源软件的自由；二是许可证解释和知识产权战略问题，涉及开源许可证如何影响那些开源许可参与人的专利。

---

1 Many people are fond of saying software patents only exist in the United States, but that is not quite accurate. In the United States, it is not so much that software patents exist as that they have not been excluded, because Congress did not so limit the patent law ("Whoever invents or discovers any new and useful process, machine, manufacture, or composition of matter, or any new and useful improvement thereof, may obtain a patent therefor, subject to the conditions and requirements of this title" (35 USC. § 101)), which can cover "everything under the sun made by man" (Diamond v. Chakrabarty, 447 US 303 (1980)). Only Congress has the power to change this law. So although software patents are less common in Europe than in the United States, the difficulty of drawing a bright line excluding software patents plagues both sets of law. The European Patent Convention (EPC), Article 52, paragraph 2, excludes "programs for computers" from patentability, but paragraph 3 says, "The provisions of paragraph 2 shall exclude patentability of the subject-matter or activities referred to in that provision only to the extent to which a European patent application or European patent relates to such subject-matter or activities as such." However, the EPO considers an invention patentable if it provides a new and non-obvious "technical" solution to a technical problem, and that invention can be embodied in software.

13.1　专利大辩论

互联网上充斥着关于软件专利是否对开源构成特别威胁（相比对一般软件的威胁）以及软件专利是对还是错的讨论。这些讨论，有些很有趣也很有见地，有些则夹杂着亵渎和愤怒（因此可能很有趣但不太有用）。但有一点是明确的：开源社区讨厌软件专利。例如，GPL 的序言中就有这样的表述："所有自由软件都会不断受到软件专利的威胁。"自由软件基金会（FSF）和其他自由软件组织为击败特定专利或一般软件专利积极进行游说并做出其他努力。

无论您是否同意软件专利是不道德的观点，都应该明白如今的软件工程师普遍持这种态度。因此，在实际工作中，很难让软件工程师参与专利组合管理。历史上，专利律师与工程师曾在准备专利披露和申请上密切合作；但如今，一些工程师则拒绝参与这一过程。2012 年，Twitter 发布了一份"创新者专利协议"——向发明人承诺，雇主不会将其专利用于攻击性目的。

> Twitter 对员工承诺专利只能用于防御性目的。未经员工许可，我们不会将员工发明的专利用于攻击性诉讼。更为重要的是，这种控制权随专利流转，所以如果我们把专利卖给其他人，他们也只能按照发明人的意愿来使用专利。

其他公司也签署了一份非正式承诺，称"不对 25 人以下的公司首先使用专利"。

从字里行间可以看出，公司可能认为，如果他们不做出不将其专利用于攻击性目的的承诺，就无法留住最优秀、最聪明的工程师，也无法确保这些工程师协助公司进行专利申请工作。其他许多公司也做出了类似的决定或承诺——通常不那么公开。在科技公司里，工程师是明星人才，而管理层则要迎合这些明星们的立场倾向。

13.2　风险更高还是更低？

因为限制专利主题范畴的政策决定远远超出了开源软件的范畴，开源社区肯定解决不了这个更大的专利争论。但是，还有一个更窄的问题（也许更有趣，因为这个问题更有可能得到解答），那就是，开源软件与专有软件相比是否更容易受到专利侵权的指控。

GPLv2.0称："所有自由软件都会不断受到软件专利的威胁。"但是，被威胁和被阻碍是有区别的。使用开源软件是否有特别的风险（也就是容易受到专利主张的威胁），这个问题对于那些在商业中使用开源软件的人来说具有重要的实际意义。这是开源的问题，而不仅仅是自由软件的问题。但是，第三方提出专利诉讼请求的能力与软件采用的出站许可条款无关，并且在一定程度上，这是回答这个问题的关键。

知识产权法最让人难以理解的一个概念是：专利是权利，而且仅仅只是权利。拥有专利权的人有且仅有排除他人实施本专利所声明的发明的权利。专利有时被称作**非使能权利（non-enabling right）**。专利并不使其所有人能够制造任何产品或从事任何业务。通过提起专利侵权诉讼来进行专利维权，并不要求专利权人从事任何他试图保护的业务。这就是专利"蟑螂"为什么可以存在的原因——这些公司除了起诉他人专利侵权之外不从事任何业务。专利只是消极的权利。

相比之下，根据版权法，作者必须实际创造出某种东西才能拥有其权利。其他知识产权制度（商业秘密和商标）也是如此。在每种情况下，人们必须实际创造出某种东西才能对其拥有权利。商业秘密的产生是因为有人创造了机密的商业信息；而商标的产生是因为有人在贸易中使用了商标来指定商品来源或产地。

专利权这种非使能性质是人们憎恨专利的部分原因。他们认为，专利是社会的净损失，这一观点并非毫无道理，因为专利权人会阻止他人进行创新，而自己却不进行任何创新。但专利法的前提是，专利的公布是为了通过向全世界公开发明（使其成为"专利"），从而推动有用技术的发展。因为人们不再认为专利是好的教导创新的手段，因此专利制度如今看来也许已经崩溃。反过来，这可能源于人们认为专利局未能将专利限制在真正有创造性及基于现有技术具有非显而易见性的发明上。这让人难以反驳，因为半数进行维权的专利被宣告无效，大多是因为不满足专利的非显而易见性的要求。

此外，在其他知识产权制度下，独立创作是对侵权之诉的一种抗辩。根据版权和商业秘密的规定，如果一个人花时间和精力重新发明了一个轮子，且没有复制或使用他人的专有材料，这个人就可以使用这个轮子。尽管被告可能很难证明他是独立创造而非模仿了轮子的概念，但别人使用轮子在先的事实并不会让情况发生变化。独立发明并非专利侵权的抗辩理由，因此，人们很容易在不知情的情况下侵犯专利权，即便是在没有“窃取”他人创意的情况下创造了该发明也不能幸免。

理论上说，已授予的专利，任何人都可以免费阅读和学习，是向世界发出的关于该发明及其实践方法的有益通知。**专利（patent）**这个词的意思是供开放查阅，但在实践中，寻找一项想要实践的发明专利是昂贵、耗时和复杂的，因此在功能上是不可能的。事实上，因为意识到潜在的专利侵权行为只会使人面临“故意”侵权，从而可能使其承担三倍的损害赔偿金和律师费，法律对进行这种分析（有时称作自由实施专利分析）起到的是消极的作用。总而言之，专利法已经成为一个雷区，而赢家似乎往往是那些根本不创新的公司。

由于专利权的非使能性质，软件可以以任何方式开发，但仍然容易受到专利侵权主张的影响。即便是完全从头开始逐行编写的代码（如果这样的代码存在的话），也可能侵犯专利权，而开发者在被起诉之前并不会知道。这些代码既可以是专有的，也可以是开源的——这并不重要。

因此，GPL 关于所有自由软件都会不断受到软件专利威胁的断言是对的——但只是事实的一部分。所有软件都会不断受到软件专利的威胁，但我们仍然拥有软件。事实上，开源软件和软件专利是一起成长起来的，戴蒙德诉迪尔案[1]的判决是 1981 年做出的，这是一个允许软件专利的里程碑案件；GPL 是

1　Diamond v. Diehr, 450 US 175.

1991 年起草的；而美国道富银行诉签名财团案[1]在 1988 年支持了一项商业方法专利。20 世纪 90 年代和 21 世纪初，软件专利（及其姊妹——商业方法专利）和开源都取得了巨大的成功。

如果我们把洋葱再剥开一层，开源软件是否特别容易受到软件专利影响这个问题将会更有意思。曾参与过软件协议谈判的人们知道，因无法知悉软件是否侵犯第三方软件专利，故专利侵权责任是软件交易中难以解决的问题。无论哪一方，是许可方与被许可方，还是转让方与受让方，都不希望承担这种不可控且可能很昂贵的负担。纯粹的开源软件许可证在这方面与专有许可协议有所不同。基于纯粹的开源许可证提供的软件是按原样提供的（没有任何担保），这意味着许可方不承担任何专利侵权主张的风险。专有软件通常（尽管并不总是如此）由许可方提供涵盖专利侵权主张的赔偿金支持。

但这并不像看起来那么简单。大量的专有软件没有专利侵权赔偿（下次在点击接受最终用户许可协议时，您可能会看到这样的例子）。或者，也许有一个仅以软件价格为限的赔偿，这相较于对专利侵权索赔的抗辩是不够的。即使是准备一个简单的专利侵权诉讼案的抗辩，也要花费数千美元的法律费用。所以，并不是说专有软件就一定会有赔偿金。

而且有时候，开源软件也是如此。上文提到了纯粹的开源许可，其含义是基于不附加商业条款的开源许可证获取软件。虽然许可证本身不提供任何赔偿，但产品中包含开源软件的供应商通常可以同意签订一份赔偿金合同作为对维护和支持或者服务费的补偿。关于赔偿金，要记住的重要一点是，赔偿金是有经济成本的，所以没有人会免费提供赔偿金。开源软件更可能是免费的，所以经常没有赔偿金（关于该问题以及商业交易中承担风险的合理和惯常做法，详见第 17 章）。

要了解专利侵权责任的风险，需要考虑专利侵权主张背后的动机。如果存

---

1 State Street Bank v. Signature Financial Group, 149 F.3d 1368.

在专利侵权行为，除非专利权人提起诉讼主张，否则不会有任何后果。为评估专利权人提起诉讼主张的风险，必须考虑专利权人这么做的原因。毕竟，专利申请的费用很高，申请一项软件专利最初平均要花费 2 万美元的法律费用，此外还有在专利权利要求真正通过且授予专利前应对专利审查员的反对意见的额外法律费用。所以，没有人只是为了好玩而获取专利。此外，专利侵权诉讼主张不仅辩护费用高昂，而且起诉费用也很贵。那为什么要花那么多钱呢?

拥有专利并支付随之而来的费用的三个理由是：为了（专利损害）赔偿金而起诉他人、反诉、干扰竞争对手。

13.3 赔偿金

第一个原因是最直接的：专利诉讼的原告可以起诉要求经济赔偿。专利侵权诉讼主张是经济武器。律师圈有这样一个笑话：第一条规则是不要起诉任何穷人。开源项目通常因为没有任何钱而并非是好的损害赔偿诉讼主张目标。[1]然而，用开源软件赚钱的公司却可能更有望成为目标。

至于一个人希望通过起诉获得多少钱，专利损害赔偿的计算很复杂，而且关于其计算方法的诉讼往往很激烈。损害赔偿由两部分组成：（a）至少是合理的专利许可使用费率（《美国法典》第 35 卷第 284 节）[2]，（b）专利权人的利润损失[3]。这两种赔偿方法在开源环境中都不太有吸引力，因为开源软件趋于框架化、商品化或非营利功能，其利润空间不大，因此专利许可使用费的利润空间也不大。

1 In light of this, claims against open source projects are rare. A notable exception is Rothschild Patent Imaging LLC v. GNOME Foundation, N.D. Ca 3:19-cv-05414 Filed 08/28/19.

2 Georgia-Pacific Corp. v. United States Plywood Corp., 318 F. Supp. 1116 (S.D.N.Y. 1970), mod. and afford, 446 F.2d 295 (2d Cir. 1971), cert. denied, 404 US 870 (1971).

3 Panduit Corp. v. Stahlin Bros. Fibre Works, Inc., 575 F.2d 1152, 197 U.S.P. Q. 726 (6th Cir. 1978).

13.4 反诉

反诉是专利维权的关键动机。大多数拥有专利的公司并不参与主动维权（即**许可计划**，licensing programs），它们建立防御专利组合，以便在其被提起专利诉讼时维权。在专利蟑螂兴起之前，这是一种常态；许多大公司签订提供一种阻止大公司之间专利诉讼制衡状态的交叉许可协议。所有没有参与的公司都希望其自身专利组合的价值足以阻止第三方诉讼。

反诉在专有软件领域很常见，但在开源软件领域却不常见。这是因为，大多数拥有专有产品的公司都会寻求专利保护，但开源项目很少有专利权可以实施。如果开源代码提供方不提起专利诉讼，就没有理由进行反诉。

社区防御计划是一个反例，如开放发明网络（Open Invention Network，OIN）。这种计划旨在通过建立专利组合来保护开源代码。这就要求可能具有反诉专利权利要求的专利权人（如专有软件公司）针对开源项目的诉讼（即使该诉讼并非针对该专利权人）提起诉讼的义务。但很难衡量这种努力成功与否，因为对其而言，成功是没有诉讼。尽管这些“捍卫”Linux 的承诺确实为其支持者带来了一些有用的宣传，但许多人怀疑这些承诺是否有效。

然而，当人们抱怨专利维权时，他们谈论的通常并不是防御性维权。事实上，正如 13.2 节所述，甚至人们也意识到凭借一些开源许可证提起防御性诉讼的必要性——即便这些诉讼指控的是开源软件。

13.5 竞争性干扰

提出专利侵权诉讼主张的最后一个动机是干扰竞争。从表面上看，这很可能是在开源背景下提起专利诉讼的动机；如果一家公司与一个开源产品竞争，就有潜在的激烈竞争问题，它有很强的动机对开源竞品进行专利寻租。毕竟，开源软件不收许可费，因此很容易削弱专有竞品的销量。例如，微软在 2018

年加入开放发明网络之前就曾致力于并成功地实施了一项为嵌入式 Linux 和 Android 产品获取专利许可的项目，这么做可能是为了干扰这些产品与其 Windows 和 Windows 移动平台的竞争。

然而，在实践中，很少有公司对开源软件提起专利诉讼。提起这样的诉讼非常不受欢迎，而且这么做是一种焦土公关策略。抛开“（专利）蟑螂”一样的专利钓鱼公司（因为他们没有产品需要保护，所以不需要商誉），只有两家公司曾积极地针对开源软件进行过专利维权：微软和甲骨文。这两家公司的规模都非常大而且市场地位根深蒂固，所以可以承受开源社区的某些嘲笑。

此外，通过提起开源诉讼来摧毁企业的典型案例是 SCO 诉 IBM 案。可以说，SCO 在对 IBM 和 Linux 开战之前，已经是一家奄奄一息的公司了，但如果说此时它还有业务可以保留的话，那么它却用这场里程碑式的诉讼给自己的棺材钉上了最后一颗钉子。SCO 案并非专利诉讼，但这个案件是第一个与开源有关的重大诉讼（参见第 19 章）。这个案件就算别无他用，也至少展现了对开源软件提起诉讼有多么不受欢迎。由此引发的媒体关注确实对 SCO 的案件没有帮助。大多数大型科技公司（包括那些拥有大量专利组合的公司）更关心的是如何维护自己的商誉，而不是通过针对开源软件提起专利诉讼所能获得的任何收益——即便这些诉讼可能会干扰竞争对手的业务。

基于这些关于提起专利诉讼动机的假设，现在可以再次讨论开源软件是否更易被专利挑战的问题。总体而言，根据分析表明，开源软件并不比专有软件更易受到攻击。但是，这是一个无法简单作答的难题，理由如下。

13.5.1 证据开示

开源软件和专有软件之间的一个重要区别在于，开源软件可以免费查看。这意味着潜在的专利原告不必参与法律证据开示程序（请求法院强制交付证据）来调查潜在侵权软件是否真的侵犯了其专利。

这种更容易识别潜在侵权行为的手段对于我们的问题而言可以一分为二。

一方面，如果潜在原告确实无法判断专有软件是否实施了某些发明，那么相较于确定侵权行为，该潜在原告更可能提起实际诉讼来迫使证据开示；另一方面，如果潜在原告可以很容易地查看潜在侵权软件，该潜在原告或许更可能确定某项起诉没有价值，或者更可能尽早提起诉讼请求。

总体上这可能对被告有利。软件上市时间越长，侵权诉讼中潜在的损害赔偿就越高，也越难就该问题进行规避设计。此外，如果被诉软件已经以源代码形式存在了很长时间，被告可以主张原告已被推定通知该发明正在被实施，因此本应更早提起诉讼。这是一种被称为**禁止反言（estoppel）**或**迟误（laches）**的法律原则，以便阻止原告躺在其权利上睡大觉，并且为寻求更多的损害赔偿而累积侵权行为。

另外，分析这个问题的人应该注意，不要对判断二进制代码是否实施了某些发明的能力做出简单化的假设。有些软件专利的权利要求对发明的表述层级非常高。只需要知道软件做了什么，而不必检查源代码即可确定软件是否实施了这些发明。此外，本领域的技术人员可以通过检查二进制代码来确定其执行了什么功能。像 Java 这样的语言很容易被反编译。用高级脚本语言（如 Ruby、Perl 或 JavaScript）编写的软件总是以源代码的形式存在，无论其是基于开源条款还是以专有条款进行许可。不要只是假设任何以可执行形式发布的东西都能躲得过好奇的眼睛——可能如此，但也可能并非如此。

13.5.2 规避设计

正如开源社区可以很容易地在修复漏洞和软件方面进行合作一样，开源社区也可以很容易地在专利诉讼规避设计方面进行合作。例如，在雅各布森诉卡泽案中，来自开源社区的志愿者协助雅各布森找到了现有技术，并建议重新设计以规避卡泽提起的专利诉讼主张。在罗斯柴尔德专利影像公司诉 Gnome 基金会案中也发生了这种情况（关于这些案例的讨论，详见第 19 章）。开放发明网络（OIN）、电子前沿基金会（the Electronic Foundation）、软件自由法律中心（SFLC）等组织有时会协调志愿者阻碍针对开源软件的专利诉讼。总体来说，这意味着开源软件即使被指控专利侵权，也更容易进行修改从而避免持续侵权，并由此减少潜在的损害，并避免禁令。

13.5.3　显而易见性

大约有 50% 的专利在维权时被宣告无效，在 2014 年艾丽斯公司诉 CLS 银行国际案的判决缩小了可取得专利权的主题的范畴后，软件专利在近几年的维权中受到的影响更大。无效主要发生在当被告发现专利申请过程中没有公开的现有技术时，该专利发明相对于该现有技术具有显而易见性。2011 年，《美国发明法案》还允许被告提起对专利的有效性提出质疑（专利多方复审，an interpartes review，或 IPR）的平行诉讼，且在联邦法院对被告提起的诉讼通常会同时中止。

对于软件专利的一点不满之处是，没有足够的现有技术库来帮助专利审查员消除显而易见的专利权利要求。另外，专利审查员工作不堪重负且美国专利商标局的资金不足，这一单独的政策争论已被撰文讨论过。针对软件专利是最近才发展起来的情况，这种说法更有说服力。然而，自戴蒙德诉迪尔案以来的 30 年里，大量软件领域现有的专利技术得以发展。由于开源软件可在任何情况下供任何人免费查看，因此它也是一个巨大且公开的潜在现有技术库。因此，开源软件有降低专利申请成功可能性的趋势。虽然这本身并不能保护开源软件免受专利诉讼的影响，但在某些情况下，开源软件可能早于对其提起指控的专利。这将导致一个显而易见的辩护理由，可能很容易驳回专利诉讼。

13.5.4　没有赢家

开源软件风险更大这一相反论点基于的是这样一个前提，即专有产品往往有防御性的专利组合作为后盾，由此产生的防御性权利要求的可能性阻碍了专利诉讼，而开源项目并没有防御性组合。上文关于竞争性干扰措施的讨论可以看成是提出专利诉讼主张的一种动机的讨论。

13.6 开源许可中的专利授予和规定

上文主要涉及政策方面的内容，本节将对许可技术进行讨论。许多开源许可证已加入了专利许可条款。然而，这些许可证看起来与传统的专利交叉许可有很大不同，要解释这些许可证，就需要了解这些条款是如何以及为何发展而来的。许多正在学习开源许可的人发现，开源许可证的专利条款很难理解。传统的专利许可通常试图将授予的专利权切割成尽可能小的片段，而开源专利许可则是故意宽泛的，有些人会认为，这是故意模糊的。也就是说，开源许可证中的大多数专利许可在范围上大致相似，且并不难理解。

13.6.1 默示专利许可

即使在没有明示专利许可（条款）的情况下，所有的开源许可证都会通过默示方式授予一些专利权。关于**默示许可（implied license）**原则的判例法模糊且稀缺。该原则大体上基于这样一个前提，即专利权人就软件的版权授予许可，然后再就被许可方已被许可的活动提起专利侵权诉讼是不公平的。

默示许可实际上是由几种法律原则拼凑而来的：普通法的禁止反言、衡平法的禁止反言和专利用尽（或**首次销售**原则）。[1] 阅读与这个问题有关的判例法可能很有挑战性，但要记住，法院可能为了避免不公平的结果而进行逆向推理，而对区分其纠正错误时所依据的原则可能不太在意。在王安计算机诉美国三菱电机案[2] 中，

1 Nimmer & Dodd, Modern Licensing Law, §§4:2 – 4:3 (2007). David B. Kagan gamely tries to harmonize the doctrines in this article “Honey, I Shrunk the Patent Rights: How Implied Licenses and the Exhaustion Doctrine Limit Patent and Licensing Strategies” .

2 103 F.3d 1571 (Fed. Cir. 1997).

美国联邦巡回上诉法院认为，根据普通法禁止反言原则，许可方不能利用专利侵权诉讼来剥夺其已经授予被许可方的权利。**衡平法禁止反言（equitable estoppel）**原则允许被许可方依赖许可方使其合理地相信其拥有这些专利许可的许可方行为。[1]该原则的基础由来已久[2]，但其在软件上的应用还太新，尚无法划定默示许可的明确范围。例如，美国联邦巡回上诉法院称："一般来说，当卖方不加限制地销售产品时，它实际上是在向买方承诺，作为支付价格的对价，它不会干涉买方对其所购产品的充分享用。买方就卖方产品的主要用途或双方可能合理地考虑到产品将被用于的所有用途，拥有卖方专利默示许可。"[3]开源许可确实是"无限制"的，但该案不涉及软件且一般来说，开源许可并不需要支付任何费用。

为避免衡平法禁止反言的默示许可，专利权人可以告知需要单独进行专利许可。因为开源许可证不包含任何权利保留条款[4]，而著佐权许可证不允许对许可证的行使施加"附加限制"，因此在开源许可中单独进行专利许可可能很有挑战性。然而，在许多开源许可证中，要求单独的专利许可是否属于这种限制却并不清楚，GPLv3.0 确实明确指出，根据第 10 条的规定，这是一种违反许可证的行为。在没有明示专利许可的情况下，专利许可更有可能被默示许可。因此，即使是包含明示专利许可和不保留附加许可的开源许可证，也有可能并不默示附加许可。

专利许可的一些基本原则取决于我们如何定义专利许可中的某些术语，如下所示。

1 For a more thorough discussion, see "Potential Defenses of Implied Patent License Under the GPL" by Adam Pugh and Laura A. Majerus.

2 "Any language used by the owner of the patent, or any conduct on his part exhibited to another from which that other may properly infer that the owner consents to his use of the patent …constitutes a license." See De Forest Radio, 273 US 236 (1927).

3 Hewlett–Packard Co. v. Repeat–O–Type Stencil Mfg. Corp., Inc., 123 F.3d 1445 (Fed. Cir. 1997).

4 There are some exceptions. Mozilla Public License 2.0 contains a reservation of rights in Section 2.3. Also, Creative Commons Zero, a public domain dedication, expressly disclaims the granting of any patent right (Section 4.a).

- 许可专利的定义（范畴）
    - 专利权人
    - 授权时间段（可包括向前许可）
    - 列出的或特定的专利
    - 地理限制
- 许可产品的定义（该许可授予的对象）
- 许可授予的领域或地区定义（范围限制）

本书不对专利许可进行全面讨论，但专利许可的几个要素是理解开源许可证中专利授权的关键。

传统的专利许可往往只包括一项具体专利或专利清单，而开源专利授权的内容总是包括专利权人的任何“必要权利要求”。必要权利要求的概念是专利许可（特别是标准许可和专利池）中一个古老的概念。这并不奇怪，因为开源许可证中专利许可的目的是创造一种涵盖本软件的“专利公共地”。

专利权利要求（patent claim）是指专利中描述本专利所包含的发明点的部分。必要权利要求是一项如果没有这项权利要求，就不可能（或行不通）从事一项活动（如实施一个标准或使用一款软件）的权利要求。换言之，如果您不必实施该权利要求中描述的发明点便可使用本软件，那么该权利要求就不是必要的，因此也是没有许可的。例如，一项专利权利要求涵盖紫色的用户界面，而一个软件允许您构建多种颜色的界面。在这种情况下，该涵盖紫色界面的权利要求就不是必要权利要求。

要评估专利授权的广度，还必须了解视谁为权利人。例如，该授权既可以包括一家公司及其所有子公司或关联公司所持有的专利，也可以只包括一个实体所持有的专利。包含关联公司的授权条款旨在避免许可方通过成立单独持有专利的公司（这种做法通常是出于税收和其他原因）来制造漏洞。有时将这些实体称作知识产权控股公司。然而，大多数开源许可证只包括一个法律实体的专利。在收购中，把母公司包括在内的专利授权可能是一剂毒药——公司可能要三思而后行，不要因为仅仅是购买了另一家对开源软件做贡献的公司就拖累了其所有的专利。

另外，授权范围有时只包括许可方持有的专利，有时则包括该实体可许可的所有专利。例如，“MPLv1.1 中的专利权利要求”中定义如下：“现在拥有或以后获得的任何专利权利要求……任何可由许可方许可的专利。”这可能包括授权人并不拥有所有权但有权进行分许可的专利。

开源许可证专利授权只有一个领域限制，即该权利的授予只与该软件所授予的版权许可的行使有关。因此，如果一个开源项目的贡献者授予了专利权，则这些权利只延伸至基于该开源许可证对本软件的使用而不延伸至对本发明的单独实施。任何其他方面限制（如地域、商业或技术方面，或商业与非商业用途）因与开源定义相冲突，故并不包括在内。

开源许可证专利授权的时间范畴通常是无限期且前瞻（授权）的。因此，如果该许可证包括了该许可方所拥有的所有专利，则其将牵制授权日和未来任何日期所拥有的任何专利（例如一项后来被起诉或由该许可方收购的专利）。这通常是那些期望收购其他公司或技术的公司所担心的一个问题：一旦收购完成，就可能出现专利许可。大多数传统专利许可对该问题的处理都非常详尽，但在开源许可中，对许可范畴的处理宽泛而简略。

为了解开源许可证中的专利许可是如何运作的，可以参考既简单又符合开源背景习惯的 Apache v2.0 专利条款。以下是其第 3 条中的相关规定。

> 专利许可的授予。……每个贡献者特此向您授予永久的、全球范围的、非排他的、免费的、免许可费的、不可撤销的（本节所述除外）专利许可，以制造、委托制造、使用、许诺销售、销售、进口和以其他方式传输本作品，该专利许可仅适用于有权许可的贡献者单独的贡献或其提交的贡献与本作品相结合所必然侵犯的专利权利要求。如果您对任何实体提起专利诉讼（包括诉讼中的交叉诉讼或反诉），主张本作品或本作品中包含的贡献构成直接或共同专利侵权，则根据本许可证授予您的与本作品有关的任何专利许可自该诉讼提起之日起终止。

该条款由两部分组成：专利许可和防御性终止条款。该专利许可（权利）始于每个贡献者（即某个贡献的作者），范畴包含该贡献“所必然侵犯的”专利。

在该范式中，未对代码库做出贡献的纯粹的再分发者不授予任何专利权。因此，如果一家公司使用开源软件而不进行再分发，或者虽然进行再分发但不再分发任何其自身修改版本，就不必考虑其是否正在授予任何权利的问题。

在 GPLv3.0 中，专利授权的范围更广。虽然其专利许可也必须由贡献者授予，但它涵盖了本软件（而并不仅仅只是专利权人自身的代码贡献）造成的所有被侵犯的专利权利要求。

请记住，开源许可证中专利授权的目的在于使本软件免受贡献者提起的“潜水艇”诉讼影响。专利许可条款不能也不打算对第三方非贡献者提起的诉讼风险进行管理。

开源许可证中的专利授权条款是狭义的，不能延伸至下游修改。所以，如果您对 X.1 版本进行了贡献并把它传给我，而我创建了 X.2 版本，我不能就我自身的任何贡献而获得专利许可的好处。在开源许可证中，只有上游许可方才授予权利。

13.6.2 防御性终止

从某种程度上讲，一个人使用代码或仅仅只是再分发代码确实会影响其专利。如果一方（“您”）行使某许可证，并对基于该许可证提供的开源软件提起诉讼主张，那么这一方将失去授予其专利许可的利益，但不会失去版权许可的利益。

不同的开源许可证对这一主题的实现不同。例如，Apache 的防御性终止条款是由防御性专利反诉触发的。如果这听起来很苛刻，需要记住，必须是针对该 Apache 软件提起的诉讼才能触发终止条款。MPL 也有一些会终止版权许可的更宽泛的防御性终止条款。

表 13.1 中列出了一些最常见的开源许可证的专利许可授权和防御性终止条款。

表 13.1　常见开源许可证的专利许可授权和防御性终止条款

许可证	终止触发条件	终止的权利	备注
Apache v2.0	3. 专利授权。如果您对任何实体提起专利诉讼（包括诉讼中的交叉诉讼或反诉），主张本作品或本作品中所含贡献构成直接或共同专利侵权	3. 根据本许可证授予您的与本作品有关的任何专利许可自该诉讼提起之日起终止	Apache v2.0 的方法可能是现在开源许可中最常见的方法。 适用于针对作品的诉讼请求，且仅终止专利许可
微软互惠许可证（Microsoft Reciprocal License，MS-RL）	3（C）.（条件和限制）如果您对任何贡献者提起专利诉讼，并主张本软件侵犯您的专利	3（C）. 该贡献者就本软件对您的专利授权自动终止	这种方法类似于 MPLv1.1 的终止条款，该条款终止了某一特定贡献者的许可
MPLv1.1	8.2. 您对参与方提起专利侵权诉讼（不包括确认之诉），主张：（a）贡献者版本侵犯了任何专利，（b）除该参与方的贡献者版本之外的任何软件、硬件或设备直接或间接侵犯了任何专利	8.2（a）. 参与方基于版权或专利权许可条款授予您的所有权利均将终止。 8.2（b）. 参与者根据专利授权条款撤销授予您的任何权利，并具有追溯效力	唯一一个具有溯及终止条款的许可证。 如果有人提出与该项目有关的诉讼，广义的专利和平条款终止所有权利
MPLv2.0	5.2. 如果您对任何实体提起专利侵权诉讼（不包括确认之诉、反诉和交叉诉讼），主张贡献者版本直接或间接侵犯任何专利	5.2. 任何及所有贡献者根据本许可证第 2.1 条授予您的与本软件有关的权利均将终止	与 MPLv1.1 不同的是，该终止不具有溯及力，只延伸至对被许可作品提起的诉讼。但是，像 CCDL 第 1.1 条一样，也会终止版权许可
CDDL	6.2. 如果您对初始开发者或某贡献者提起专利侵权诉讼（不包括确认之诉），主张该实体贡献的软件直接或间接侵犯任何专利权	6.2. 所有贡献者授予您的所有权利均将终止，但不溯及既往	广义的专利和平条款终止所有的权利（版权和专利），但仅针对与该项目有关的诉讼
CPL	7. 如果接收方就适用于任何软件的专利对贡献者提起专利诉讼（包括诉讼中的交叉诉讼或反诉）。 如果接收方对任何实体提起专利诉讼（包括诉讼中的交叉诉讼或反诉），主张本程序自身（不包括本程序与其他软件或硬件的组合）侵犯了该接收者的专利	该贡献者向该接收方授予的所有专利许可均将终止，但不溯及既往。 接收者基于专利许可从任何贡献者处获得的权利均将终止，但不溯及既往	仅终止专利权的专利和平条款

续表

许可证	终止触发条件	终止的权利	备注
EPL（v1.0 和 v2.0）	7. 如果接收方对任何实体提起专利诉讼（包括诉讼中的交叉诉讼或反诉），主张本程序自身（不包括本程序与其他软件或硬件的组合）侵犯了该接收者的专利	基于第 2（b）条向该接收方授予的专利权均将终止，但不溯及既往	除专利和平条款较窄外，其余均与 CPL 相同
GPLv3.0	10. 您不得对基于本许可证授予或确认的权利行使施加任何附加限制，例如，您不得对行使基于本许可证授予的权利收取许可费、版税或其他费用，也不得提起诉讼（包括诉讼中的交叉诉讼或反诉），主张通过制造、使用、销售、许诺销售或进口本程序或其任何部分而侵犯了任何专利权利要求	所有权利均可终止（参见第 8 条的一般终止条款）	请注意，这与其他许可证相比存在结构性差异。适用于所有接收方（“您”），而无论“您”是否为贡献者

第 14 章

开源和专利诉讼战略

当理查德·斯托曼在 GPLv2.0 中写道："所有自由软件都会不断受到软件专利的威胁"时，他将开源软件与软件专利业务之间的意识形态之争具体化了。1991 年，GPLv2.0 发布时，这场战争还处于萌芽阶段。如今，开源许可和软件专利都已全面开花（尽管二者的发展是在正交轴上进行的）。大多数开源软件从未被指控构成专利侵权，且大多数软件专利侵权诉讼也没有指控开源软件。事实上，二者之间的直接互动少到在这些领域执业的律师们也没有什么互动的程度。这意味着，为专利侵权诉讼辩护的律师们可能不会考虑为专利被告提供开源专利许可策略。

在专利诉讼辩护中，点滴皆有助益。如今，专利被告应该关注开源许可及其对专利侵权诉讼的潜在影响。当您被纯粹的非实施实体（Non-Practicing Entity，NPE）以外的任何人起诉专利侵权时，您内部调查的第一梯队中应该包括原告的开源立场。如果您正在考虑报复性专利诉讼，那么您自身的开源立场也应包括在内。

专利律师们可能会惊讶地发现，如今大多数公司都在使用开源软件，其中的大多数公司也都在尽力实施内部控制，以协调开源软件使用和专利组合管理。这意味着，一家公司很有可能就体现于其所使用或开发的开源软件上的专利寻求专利保护或专利维权——这种活动组合经常被认为不具有经济合理性。

至少在两个专利诉讼案例中，被告成功地将开源许可证维权作为一种防御策略。第一个案例是最常被引用来支持开源许可证的可维权性的案例，大多数人都忘了这个案例始于专利诉讼。在雅各布森诉卡泽案中，双方都开发并分发了用于控制模型铁路的软件——雅各布森基于一个开源许可证免费提供 JMRI 软件，而卡泽（通过其公司卡曼德公司）则根据专有许可协议销售商业产品。雅各布森收到一封信称 JMRI 软件已侵犯了卡曼德公司拥有的专利，并邀请他为这些专利获取许可。雅各布森提起确认之诉，要求法院裁定这些专利因现有技术（或未公开现有技术，其中包括雅各布森本人的专利）而无效或不侵权。然而，随着该专利案件的推进，雅各布森发现卡泽抄袭了其部分开源软件，并在缺少恰当的归属和许可声明的情况下将其用于卡泽的专有软件中。雅各布森诉卡泽案在成为美国开源许可（而非专利侵权）的开创性案例之后，最终于 2010 年以卡泽支付违反开源许可证和解金而达成和解。

在双子峰软件有限公司诉红帽公司案中，生产网络备份专有软件的双子峰软件（TPS）有限公司对红帽公司和红帽公司收购的子公司 Gluster 提起诉讼。TPS 主张，GlusterFS 软件（一个将多个存储份额聚合成单一卷的网络文件系统）侵犯了 TPS 的镜像文件系统专利。红帽公司对该专利侵权诉讼的最初回应是否认侵权，并宣称该专利无效，但后来又提起反诉，指控 TPS 产品在不遵守 GPL 协议的情况下合并了红帽公司产品中的开源软件。红帽公司请求对 TPS 产品下达禁令。该案很快以和解告终，这表明，TPS 认为这比基于事实情况坚持其专利诉求更好。

在这两个案件中，专利原告正在使用被告的开源软件，而专利被告发现原告的使用违反了适用的开源许可证并借此对原告进行反击。这样一来，开源许可证维权就可以成为更传统的报复性诉讼的一个替代方案。在每个案例中，原告和被告均处于相似的产品市场中（这是专利诉讼中非常常见的背景），这使得原告有可能使用被告的开源代码。这个案例的启示是，对于专利原告而言，应该在制定一个合适且强有力的开源合规项目后，再在相关领域进行专利主张。

此外，还有其他更微妙的策略。开源许可证（尤其是在过去 20 年中撰写的许可证）包含两种对专利诉讼策略有影响的条款。第一种条款是专利许可，该条款更为直接。例如，可参见 Apache v2.0 许可证第 3 条中的表述。

> **专利许可的授予。**在符合本许可证的条款和条件的前提下，每个贡献者特此向您授予永久的、全球范围的、非排他的、免费的、免许可费的、不可撤销的（本节所述除外）专利许可，以制造、许可制造、使用、许诺销售、销售、进口和以其他方式传输本作品，该专利许可仅适用于有权许可的贡献者单独的贡献或其提交的贡献与本作品相结合所必然侵犯的专利权利要求。

该许可证只适用于贡献者，所以该软件纯粹的再使用者或再分发者并不授予任何权利。但是，如果一家公司基于开源许可证或类似的贡献协议对该软件进行了贡献，那么该公司可能已经被授予了可以作为侵权诉讼抗辩的许可。

例如，假设 P 公司（专利原告）起诉 D 公司专利侵权。然而，P 公司已经向基于本许可证的项目贡献了软件（该软件体现被诉专利权利要求）。Apache v2.0 许可证是一个宽松许可证，因此 D 可能很容易声称其系基于该许可证使用软件。把这一点提出来作为许可证抗辩可以免责，或者至少可以创造一个将大大增加 P 公司诉讼成本的非预期抗辩。

现在考虑 Apache v2.0 的防御性终止条款。

> 如果您对任何实体提起专利诉讼（包括诉讼中的交叉诉讼或反诉），主张本作品或本作品所含贡献构成直接或共同专利侵权，则根据本许可证授予您的与本作品有关的任何专利许可自该诉讼提起之日起终止。

这意味着，P 可能已经通过提起诉讼放弃了从该软件的所有贡献者（其中可能包括 D 或可能与 D 结盟的第三方）那里获得的所有专利许可。即使 D 不是提起专利诉讼的贡献者，提起该诉讼也会使 P 面临潜在责任。指出这一点，可能会使天平向对被告有利的方向倾斜。

重要的是，要理解不同开源许可证中的专利防御性终止条款不同。有些（如 Apache v2.0）是由防御性诉讼触发的，有些则不是。有些（像 MPL，或 GPLv3.0 相应的“自由或死亡”条款）还会触发版权许可终止，使其成为更强大的防御工具。

因此，您下次被起诉专利侵权时，如果您不知道以下所有问题的答案，就不能算做足了功课。

- 该原告是否在违反许可证的情况下使用了您的开源软件（无论是否与涉案专利相关）？
- 所主张的权利要求是否可在任何您正在使用的开源软件上读取？如果是，该起诉是否会触发可能适用于原告的防御性终止条款？
- 该原告是否基于包含专利许可的条款向开源项目贡献了代码？如果是，您是否可以根据该许可进行抗辩？

最后一个问题的调查可能是个挑战，但可能并没有您想象的那么困难。有关贡献的记录可能是公开可获取的，或者如果合作有助于该开源项目击败指控其代码专利侵权的诉讼，则开源项目可能也会愿意合作。

开源许可证的起草者意在利用这些许可条款赢得软件专利之战，他们能否做到这一点还有待观察，但与此同时，专利诉讼者们也不该放弃利用开源许可原则为自己争取打赢战争的机会。

第 15 章

商　标

开源许可证是版权和专利许可，并且很少或根本没有提及商标。然而，商标是一种强大的、无处不在的知识产权。商标维权比专利更便宜、也更容易，商标法比版权法更明确、也更完善（至少在软件方面是如此），而且与版权或专利权不同的是，商标可以永久存续。商标维权机制遍布世界各地，商标侵权诉讼非常普遍，且可以获得巨额赔偿。总体来讲，商标是公司知识产权武器库中最强大的工具之一。

但商标法与专利法或版权法有很大的不同，事实上，甚至有些人认为根本不该将其称作知识产权法。至少从理论上讲，商标法的主要作用是保护消费的公众，而不是保护商标所有权人。大多数人认为商标就是标志，比如耐克的对钩或者麦当劳的金拱门。但事实上，商标不一定是图片，甚至不一定是风格化的文字。商标最初只是商人在其产品上贴的名字或标志。商标可以只由一个公司名称组成而没有标志——只要是用来标识产品来源即可。

美国的商标法与其他国家有所不同：美国的商标法是先使用制而不是先申请制。一个人通过在商业中使用商标而获得商标权，一个人通过在州际商业中使用该商标从而获得联邦商标法规定的权利。在其他一些国家，人们申请商标注册（即使不进行商业使用）也可以成为商标的所有权人。所以，商标与版权不同，版权在作品固定于有形介质上时即刻产生。商标也不同于专利，因为专利登记只是所有权的证明，而不是所有权本身。

商标代表产品的来源，服务标志（service mark）代表服务的来源或起源。为便于讨论，我们只讨论商标，但服务标志的运作方式大致相同。因为服务标志代表了一种来源，而商标也代表了与来源相关的商品质量。如果您在一个陌生城市的星巴克买了一杯咖啡，您会认为您购买的产品和您家乡的星巴克咖啡一样。如果任何人都可以使用该商标，您可能会因买到质量较差的东西或与您的期望完全不同的东西而被愚弄。利用商标法，法院可以防止假冒者滥用商标从而避免公众被误导。

与专利法或版权法相比，商标法对知识产权所有权人规定了更多的义务。除了明确表示将作品贡献给公有领域外，失去作品的版权相对困难。如果不向专利商标局（Patent and Trademark Office，PTO）缴纳年费，就有可能失去专利权。但是，商标法要求所有权人对商标进行监管，从而维护商标权。若非如此，商标就不能保护消费者。商标所有权人要对带有该商标的商品（包括他人根据许可协议生产的所有商品）进行质量控制。因此，商标法是一个“不使用就失去”的制度。当商标所有权人做不到这一点时，就称作**淡化**（dilution）、**通用化**（genericness）或**模糊化**（blurring）。一些非常著名的商标（如阿司匹林）已经成为通用名称且不再指向任何特定来源。

15.1 开源世界中的商标

因此，开源软件许可和商标成了一对奇怪的搭档。它们本质上是对立项：开源软件许可证允许任何人修改代码（见开源的定义），而商标所有权人都不会允许在不控制所生产产品的性质的情况下在该代码上使用商标。

早期的开源许可证间接处理了这个问题。例如，早期的BSD就包含了这一点：

> 未经事先明确书面许可，不得使用本大学名称或其贡献者姓名来支持或推广本软件的衍生产品。

该条款实质上规定了不授予使用加利福尼亚大学名称的商标许可。其他许可证也包含了此类表述的变体。虽然措辞有点拗口，但其意思可能是指明确不授予商标许可。

许多比较成熟的开源项目都意识到了开源许可和商标原则之间的潜在冲突。他们还意识到，一般的开源开发者可能不知道商标法允许什么或不允许什么。因此，许多开源项目制定了书面的商标使用指南。这些商标使用指南通常描述不允许什么，始终允许什么，以及基于许可允许什么。其中大部分内容只是将现有的商标法映射到项目名称的使用上。

习惯于在传统商业中进行商标管理的律师们可能会对这些政策感到惊讶。管理品牌的传统方式是，除非有正式的许可协议，否则根本不允许使用并积极进行维权。但在开源世界里，积极的维权行为（特别是针对倒霉的侵权者）可能会对公司试图进行推广的社区产生疏远效果。因此，开源项目通常允许为以下目的使用商标，如命名用户或开发者团体、召开会议、制作 T 恤和其他宣传品。这些行为在传统的品牌管理中都是不允许的。

15.2 名字里有什么?

因此，开源软件许可是品牌管理的困惑之海。这并不奇怪，也并不是必然出现的问题，因为没人知道是否会将项目名称作为商标使用。很多项目可能都不打算将项目名称作为商标使用。虽然每个项目都需要一个名字，但并不是所有的项目都是完整的产品，很多项目只是作为熟练的开发者创造产品的模板。因此，这些项目可能无法享受到成品所应享有的质量控制（对于律师而言，想想您从同事那里得到且告诉您需要根据使用情况进行调整的表格和模板）。然而，随着开源软件越来越成为商业产品的组成部分，品牌之争在开源世界中似乎将变得更加普遍。[1]

作为一个恰当的例子，考虑一下最流行和最有价值的开源软件——Linux内核的品牌管理或者品牌管理缺失。许多人将Linux与一只保龄球形状的企鹅标志联系在一起。那只昵称为Tux的企鹅，其实并不是商标（这只企鹅的使用，为人们提供了大量的娱乐素材）。该原始标志的版权用于公有领域，其变体被用在许多Linux发行版上。这个原始标志有时被称作吉祥物而非商标（该标志也出现在了本书英文版的封面上）。

Linux这个名字是基于UNIX及内核的最初作者林纳斯·托瓦兹的名字而来的。Linux的商标使用（至少名义上）是由Linux标志协会（www.linuxmark.org）监管的。然而，在这一点上，**Linux**这个名字已经被广泛用于许多不同的产品上，以至于它作为一个商标可能是通用的且无法进行维权。[2]然而，如果一家公司试图销售一种与Linux内核毫无相似之处的Linux产品，或者并非基于GPL授权，那么即使没有商标诉讼，这样的使用也可能会引发消费者主张该名称具有误导性的诉讼。鉴于企业试图将**开源（open source）**标签用于许多领域的趋势，这类诉讼似乎不可避免。

这个故事的启示是，虽然对于运行开源项目的公司及其品牌管理的最佳实践从根本上说与其他任何产品并无二致，但可能需要为适应该项目的商业目标进行调整。最佳方法是将您可能运行的所有开源项目与您的其他产品进行明确区分，这有助于避免使您的其他产品的品牌变得通用。另外，制定品牌政策也是帮助社区了解如何避免侵犯公司商标权的教育工作的一部分。

---

1 For an excellent article on genericness in open source trademarks, see Pamela S. Chestek, 2013, "Who Owns the Project Name?" International Free and Open Source Software Law Review, 5(2), 105 - 120.

2 Confusion over what constitutes a "Linux" product is evidenced by the FSF's strophic explanation of the difference between Linux and GNU/Linux. The GNU code base includes a set of tools promulgated by the GNU project. These tools are usually part of a product distribution that contains the Linux kernel. See Wikipedia's definition of Linux: "Strictly, the name Linux refers only to the Linux kernel, but it is commonly used to describe entire UNIX-like operating systems (also known as GNU/Linux) that are based on the Linux kernel and libraries and tools from the GNU project".

但开源中商标管理最重要的部分是首先要考虑这一点，即将您可能运行的所有开源项目与您的其他产品进行明确区分。您对您的项目的称呼可能会变得非常重要，您和您的社区可能有兴趣避免一场会让潜在用户和开发者感到困惑的版本之争。

第五部分

PART 5

贡献和代码发布

第 16 章

开源发布

本章与基于开源软件许可证发布（企业自己编写）的新软件相关。

也许贵公司还没有达到想这么做（基于开源许可证发布新软件）的程度。但如果您持续使用开源软件的时间足够长，最终能看到其价值回馈。免费搭别人工作的便车像是天降甘露，但合作开发通常更有回报。即使是以营利为目的的公司，也可能出于多种原因决定发布开源代码。例如，他们可能想促进某种协议或方法的采用，而提供源代码可能是实现该目标最快捷、最简单的方法。或者，他们可能决定现有的某产品已过时、商品化或不再赢利，而该产品的广泛采用可能会使其他业务线受益。

有时，将代码作为开源代码发布的压力来自公司的工程人员，这可能会造成利益冲突。短期内，开发仅为了贡献出去的软件是在不负责任地使用股东的资本。有时，工程师认为发布开源软件是对自身履历的丰富，他们可能会把自身的名誉利益置于公司利益之上。但很多时候，当贡献软件对企业有利时，相互竞争的利益便会一致。

当公司决定发布其编写的开源软件时，他们经常会问：“我们该采用什么许可证？”从某种程度上而言，选择开源许可证就是在每个选项都有点不太完美的情况下进行的选择。有些公司认为他们应该自己编写许可证，但这通常并不是个好主意。一个新的许可证（即便该许可证比通常的替代方案写得清楚、写得好）往往会适得其反，引入一个独特的许可证很可能会严重阻碍公司发布代码时尽力实现的软件采用。

图 16.1 代表了一种为开源发布选择许可证的方法。请注意，在现实中，图中提及的许可证是开源代码发布的唯一佳选。这些许可证都是非常常见且易于理解的。

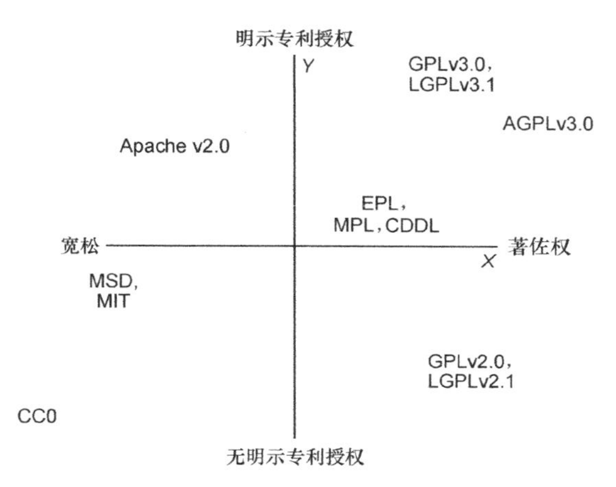

图 16.1　许可证的选择维度

图 16.1 中有两条轴，每条轴代表一个决定维度。*X*（水平）轴是著佐权。此处，有一个选择谱。然而，最重要的因素是您对“我想用著佐权许可证还是宽松许可证”这一问题的回答。从版权角度来看，大多数宽松许可证都可以互换，这意味着您可以采用其中任何一种。另外，CC0 其实是对公有领域的贡献，而非一个许可证。CC0 与 BSD 或 MIT 的区别在于，CC0 不需要保留任何许可声明，且放弃了代码中的所有版权（但不放弃专利权）。

Y（垂直）轴代表您对“我是否更喜欢在许可证中有明示专利授权”这一问题的回答。一般来说，管理有价值的专利组合的许可方更倾向于使用明示（专利）授权的许可证。这是因为，这些许可方对默示（专利）授权的范畴有顾虑。[1]

1 The law on implied patent licensing is vague—see Chapter 13: Open Source and Patents. However, there is also a school of thought—less popular—that using a license with no express grant means no patent rights have been granted. Some companies also choose to release code under a license with no patent grant—like BSD—and then grant a separate patent license (See, for example, Google's grant of additional rights for WebM).

如果您决定采用著佐权（许可证），则需要选择您想要多强的著佐权制度——从 AGPL（最强）到 MPL 或 CDDL（最弱）。这里，**强（strong）**或**弱（weak）**指的是许可证试图在多大程度上对与该开源代码集成的其他代码的源代码交付进行管理（详情请参见第 3 章）。

一旦您做出这两个选择，许可证的选择就水到渠成了。更为重要的是，“哪种许可证”这个问题其实并不恰当。恰当的问题是，“我发布该代码的目标是什么，发布它对我的业务有何帮助？”以下是一些可能有助于说明如何回答该问题的示例。当然，如果您想最大限度地提高采用率，且不在意别人搭您软件的便车，那么任何软件都可以基于宽松许可证发布。但当涉及著佐权许可证时，对于某些使用场景而言，有些著佐权许可证是行不通的。

- **开发工具**。通常不会分发（通常是内部使用）这种程序。因此，像 GPL 这样的强著佐权许可证并没有问题，但这些许可证对鼓励源代码共享并没什么用。GPL 只在分发时才会附加源代码披露条件。即使像 Affero GPL 这样的许可证，在这方面可能也帮不上什么忙。
- **内容管理系统**。这种应用对于 AGPL 来说不失为一个好的选择。当内部不用时，它可能会被用于提供服务，且 AGPL 会要求用户共享源代码，GPL 则不会。
- **用户应用**。这种程序经常被分发，且因其是一个独立程序，所以 GPL 可以发挥作用。
- **代码库**。在这种情况下，LGPL 或任一弱著佐权许可证是个不错的选择。如果选择 GPL，在应用程序中使用该库将要求开发者把整个程序均设置为 GPL，这种更严格的要求会导致你减少 GPL 的使用。
- **非软件**。不要用软件许可证发布文件、照片、音乐或书籍等混淆视听。如要发布前述事物，则应使用知识共享协议替换。反过来，也不要用 CC-BY-SA 这样的非软件许可证发布软件。向公有领域贡献具有有限版权保护的代码是个不错的选择，不要让其他人为使用您的发布而试图弄清楚版权法的范畴。

以下介绍了一些商业场景，并回答了这些场景是如何映射到这些许可证的选择上的。

1. 帮助代码：CC0

一家公司销售一种可穿戴个人笔记设备，该设备支持无线功能，且可与HTML应用程序进行交互。可以在该应用程序中嵌入一个小的参考代码例程来实现该设备的API。这些代码非常简单（可能没有什么版权保护），且必须直接内置于该应用程序中。这家公司之所以选择CC0，是因为希望提高采用率，且并不要求其开发者在小型设备上提供任何归属或声明。

2. 采用开放标准：Apache v2.0

一家公司创建了一种新的局域通信协议。该公司希望尽可能多的开发者和用户开始使用这个新协议。为促进该目标实现，该公司发布了一些可以包含于应用程序中的开发库来实现该标准。该代码提供了编码、解码成标准兼容格式的能力。该公司并没有通过专利保护来寻求对该标准的保护。相反，其商业模式寻求在销售符合标准的应用和产品的同时鼓励尽可能多的人采用这一标准。换言之，这是一个开放的标准。另外，该公司更希望在代码上有一个许可声明以宣传该代码的可获取性及其公司名称。该公司之所以选择Apache v2.0，是因为它是一个可以让开发者和用户相信该公司并不寻求保留专利权的宽松许可证。

3. 双许可证

该公司的商业模式旨在提供一个可用于提供在线服务的个人财务管理应用程序。该公司计划基于开源许可证提供该软件的简化版，还希望提供一个功能更全的版本（将具有支持多镜像服务器的能力）并收取许可费。该公司选择了Affero GPLv3.0。该公司还提供了一个基于专有条款的替代许可协议。

4. 破坏竞争

该公司多年来一直在销售一款拼写检查的实用工具。但最近，因为市场上有许多竞品，该公司的销售量有所下降。产品的维护成本已经变得很高，而该公司的一个竞争对手仍有销售优势。然而，如果该竞争对手的产品成为标准，该公司将不得不进行大量的工程活动使其产品与该标准兼容。该公司选择了GPLv2.0。这样一来，它就为竞争对手的产品创造了一个免费替代品，同时也防止了竞争对手将其自身产品中的代码私有化（因为 GPL 条款不允许这么做）。

16.1 商标管理

每当公司推出新产品时，都需要考虑品牌和商标问题。商标是知识产权中用于使产品免受竞争的最重要元素之一。发布一个开源项目也不例外，但开源领域的品牌建设可能很棘手。

开源许可和商标许可之间存在固有的紧张关系。但是，如果管理得当，二者可以共存（关于商标法和开源的更多信息，请参见第 15 章）。本节主要介绍代码发布的商业策略，以及在发布开源代码的情况下商标权管理的最佳实践。商标不仅保护其所有权人，也保护开源社区。制定尽责的商标实践不仅会对运营该项目的公司有所帮助，而且也会对使用该代码的消费者和开发者有所帮助。

1. 谨慎混合标志

以开源许可证发布软件的公司应始终确保开源软件所基于的品牌与其他产品有所区别。在开源代码中很难保持强大的商标权，所以如果出了问题、权利变弱，该公司的其他产品不会受到影响。例如，很多公司喜欢把产品称作 FOOBAR 和 Open FOOBAR（或“FOOBAR 社区版”）。这对于双许可计划来说很有效，但对于主要由社区（而不是公司）控制的独立开源项目来说就不一样了。公司为了启动社区项目而发布软件，应该为该项目选择一个新品牌。当该项目不再由公司控制时，该商标将不再代表该公司的质量控制，因此，严格来说，此时该项目不再是一个适合带有公司商标的产品。

2. 政策透明

代码发布应始终包含一个连贯且透明的商标政策。很少有开源许可方能理解开源许可和商标使用之间的区别。拥有一个政策不仅可以帮助公司建立系统的质量控制来维护标志的权利，而且可以帮助用户群避免对这些权利的意外侵权。传统的商标政策允许用户几乎什么都不做，而开源（商标）政策则需要更有节制，在控制和自由之间保持平衡。关于（商标）政策范本的示例，参见modeltrademarkguidelines.org/index.php? title=Home：_Model_T rademark_Guidelines。

以下是制定这类（商标）政策时需要考虑的一些问题。

- 如果一个许可证修改了代码，还能保留该标志吗？大多数政策规定任何修改都需要删除该标志，但有些政策允许更改配置或进行默认设置等小改动。
- 用户群体或开发者群体可以如何使用项目名称？商标政策通常要求明确允许注册包含该项目标志或其任何变体的域名。有些政策允许用户和开发者团体创建商品以帮助筹集资金，有些则不允许。
- 为避免错误，最好从公共源代码树中删除标识和商标。虽然有些公司可能会在提供二进制文件下载时保留该完整标识，但在该源代码树中保留该标识可能会无意中导致被许可方滥用商标。

16.2 贡献协议

一旦您决定了采用什么许可证管理您的项目向他人授予的权利，您就应该考虑用什么管理他人向您的项目授予的权利。许多开源项目都使用被称作**贡献协议（contribution agreements）**的权利入站许可。贡献协议的目的是确保项目有改变适用于该项目的出站许可证的自由度。对于一个基于宽松许可证提供的项目来说，是否使用贡献协议的问题并不那么关键和复杂，所以此处我们仅关注基于一个著佐权许可证的项目情况。

贡献协议有很多变体，但最常见的是Apache公司的贡献许可协议

（Contribution License Agreement，CLA）。贡献许可的其他变体包括转让，但不包括对代码再许可的许可协议及限制（例如限制代码使用开源代码许可证）。然而，这些变体并没有简单的无限制许可协议那么常见——无限制许可协议大致相当于一个宽松开源许可证，但没有声明要求。除了 Apache CLA 是一个事实标准外，贡献协议并没有标准化。一个项目可以和其贡献者进行任何其需要的协商。有些项目会按照不同的条款接受不同贡献者的贡献，有些项目在这一决定上则比其他项目更加透明。

当然，接受贡献最简单、最透明的方式是完全不采用 CLA。这种方法在一些开源社区很流行，但它会束缚甚至扼杀那些决定改变许可证条款的开源项目。例如，如果您接受基于 GPL 的贡献，该项目若非经历了潜在的烦琐或不可能的再许可的工作，则无法变更为 LGPL 或 Apache（例如，人们普遍认为，考虑到贡献者数量和贡献协议缺失，不可能将 Linux 内核的许可证从 GPLv2.0 改为其他任何许可）。不使用贡献协议的项目有时会使用原创声明，该声明并不处分许可权，但要求该贡献者声明贡献为其原创作品，从而提供该贡献没有侵犯第三方版权的证据。

FSF 一般要求向其转让 FSF 项目贡献的所有权利。从理论上讲，因为该项目拥有所有代码，故有资格就代码库中每一部分的版权侵权行为提起诉讼，因此这种方法更易于行使对出站开源代码许可证的权利。然而，大多数项目并不采用这种方法，而是依赖大部分代码的版权，以及对所有贡献的汇编版权（无论多么稀薄）的所有权。

贡献协议的反对派主要是希望项目做法透明，他们的口号是“授入（权利）与授出（权利）相等（License in equals license out）”。他们将贡献者对处置其贡献的知情权置于该项目更改其许可政策的自由之上。[1]

1 For a good exposition of the view against contribution agreements, see Simon Phipps “Governance for the GitHub generation” , Infoworld, June 30, 2014.

16.3 代码再许可

如果一个项目决定改变其出站许可证，几乎总是从限制性较强的许可证（如 GPL）变更为限制性较弱的许可证（如 BSD）。这是因为反向变更并没有多大意义，一旦代码基于开源许可证发布，权利便永远无法收回。该项目可以基于限制性更强的许可证发布代码，但仍可基于（原）限制性较弱的许可证获取其授予的权利。偶尔，当有主要更新时，基于限制性更强的许可证进行再许可会更有效。在这种情况下，旧版本将基于旧许可证使用，而新元素将受限制性更强的许可证限制。

当然，能否再许可可能取决于该项目是否采用了贡献协议。例如，如果一个基于 GPL 启动的项目没有采用贡献协议，那么所有的贡献都将为 GPL 所涵盖，并且未经贡献者同意不得更改。

因此，如果不确定一个项目采用哪个许可证，最好从限制性较强的许可证开始，如果发现较宽松许可证更适用于该项目，则转为较宽松的许可证。

16.4 公司组织

有些公司采取额外创建单独实体的方式来运营新的开源项目，这样做是一种可将开源项目的知识产权与该公司的其他业务分离的良好战略。此外，由于大型开源项目可能涉及市场竞争者，单独实体为参与者提供了一个可以进行互动的公平、透明的竞争环境，而不致引起反垄断问题。为运行开源项目而专门设立的实体往往采取非营利实体的形式。然而，过去几年中，美国公司在寻求非营利身份时遇到了许多困难。[1]

1 See Ryan Paul "IRS Policy that Targeted Political Groups Also Aimed at Open Source Projects" , Ars Technica, July 2, 2014. For more on the tax decision, see Heather Meeker and Stephanie Petit "The New Foundations of Open Source" , 33 Santa Clara High Technology Law Journal, 103 (2017).

许可证选择并没有表面看起来那么复杂，主要是因为选择最流行的BSD、MIT、Apache v2.0、GPLv2.0 或 v3.0、LGPLv2.0 或 v3.0、AGPLv3.0 或 MPLv2.0 之外的其他开源许可证都是不明智的。下述规则大致体现在 heathermeeker.com/license-picker-2-0/ 上提供的一个简单脚本中。这种方法旨在解决私营企业想要发布开源软件的大多数情况。

首先，杜绝开源许可证不能用的情况。

1. 如果您想对软件的使用进行限制（如非商业用途或限制 SaaS 使用），则不要采用开源许可证。考虑 PolyForm 许可。
2. 如果您想要最大化软件的采用率，且不在乎获得任何权属，则可以考虑用 CC0 将您的版权贡献给公有领域。

如果您到目前为止还没有找到答案，现在您需要选择一个宽松许可证或著佐权许可证。

3. 如果您想最大化软件的采用率且要求许可声明，则需要一个宽松许可证。您有如下三个选择: MIT、BSD 和 Apache v2.0。
   - 3.1 如果您想授予明示专利许可，选择 Apache v2.0。
   - 3.2 如果您想让您的许可证与 GPLv2.0 兼容[1]，则选 MIT 或 BSD。MIT 和 BSD 非常相似，所以很少有任何明确的理由偏向二者中的任意一个。
4. 如果您想阻止您的代码私有化，则需要一个著佐权许可证。您有如下六个选择: GPLv2.0 或 v3.0、LGPLv2.0 或 v3.0、AGPLv3.0 或 MPLv2.0。以下五条规则将帮助您做出选择，但没有一种许可证可以满足您的所有要求。
   - 4.1 如果您想要一个著佐权许可证且希望授予明示专利许可，您必须选 GPLv3.0、LGPLv3.0、AGPLv3.0 或 MPLv2.0。
   - 4.2 如果您想要一个著佐权许可证且希望您的许可证与 GPLv2.0 兼容，

1 GPLv2.0 是适用于 Linux 内核的许可证，所以对于 GPLv2.0 兼容许可证的需求往往会推动许可证的选择。

您必须选 GPLv2.0、LGPLv2.0 或 MPLv2.0（注意，只有 MPLv2.0 同时符合 4.1 和 4.2 的条件）。

4.3 如果您的代码不是一个完整的程序，而是一个库，不要选 GPL 或 AGPL；LGPL 或 MPL 才是库的正确许可证。

4.4 如果您的代码将用于物联网设备，请不要选择任何第 3 版本许可证（请注意，只有 MPLv2.0 同时满足 4.1 和 4.4 的条件）。

4.5 如果您的代码将主要用于 SaaS，考虑选择 AGPLv3.0。

另外，自由软件倡导者肯定会对限制第 3 版许可证（GPLv3.0 和 LGPLv3.0）采用率或者对其不应该被用于物联网的前提提出异议。目前，许多公司都有禁止使用基于这些许可证代码的内部政策，几乎没有公司会在物联网中使用第 3 版本代码。更详细的讨论，请参见第 10 章。

一般来说，宽松许可证比著佐权许可证更能鼓励用户采用该软件。大多数企业很少通过内部政策来限制使用宽松许可证代码。一个企业可能会出于公共关系、道德或政治原因而选择著佐权许可证，但大多数私营企业选择著佐权许可证来发布代码是为了干扰竞争。宽松许可证能够使竞争对手轻松地将代码私有化到其自身产品中，而著佐权许可证则要求竞争对手提供源代码，这就大大降低了竞争对手搭便车的潜在收益——至少对分布式软件来说是这样的。

第六部分

PART 6

其他主题

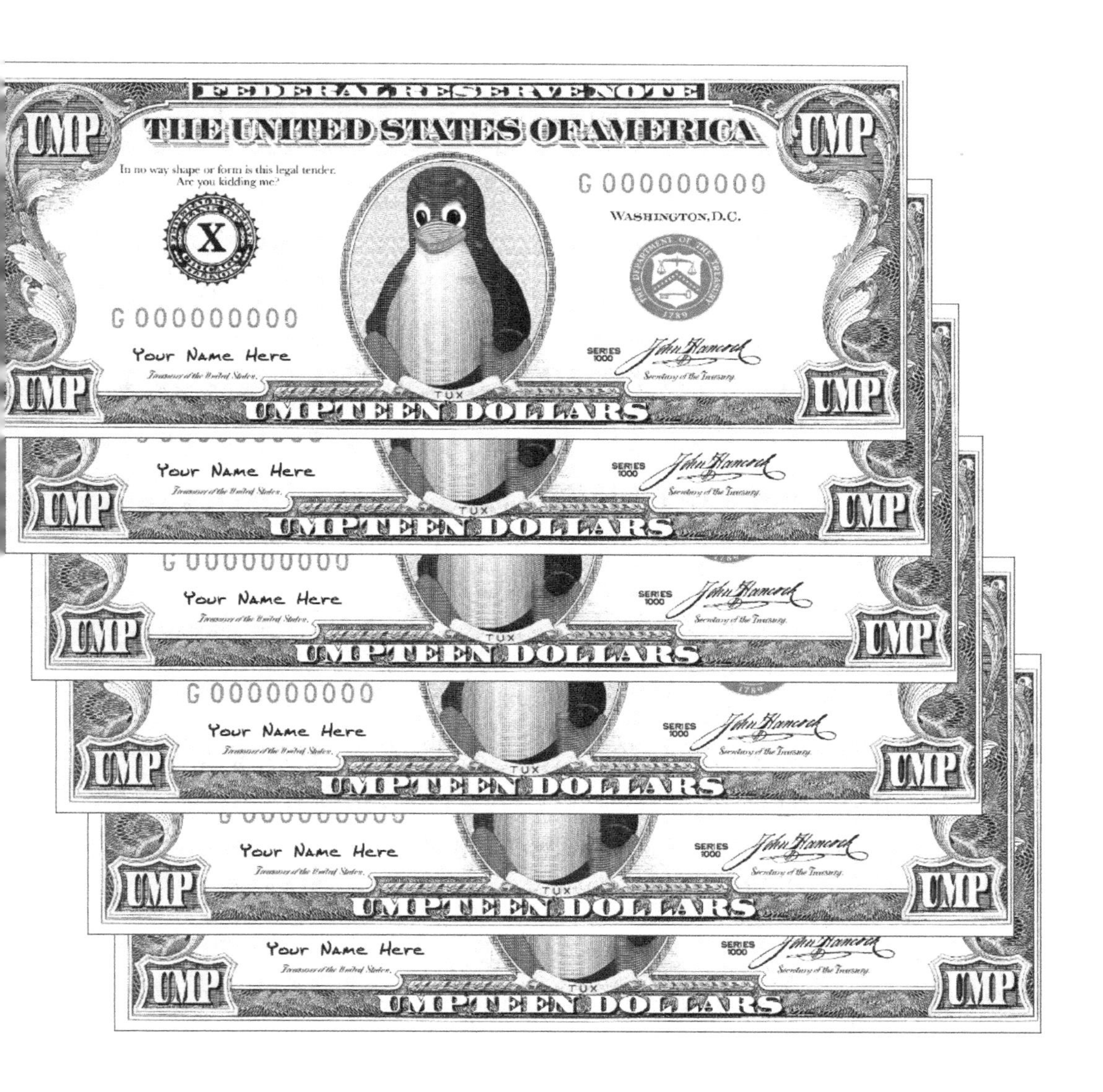

第 17 章

并购及其他交易

在过去的二十年里，对交易中开源问题的处理发生了根本性的变化。如今，几乎所有软件都包含一些开源元素，因此几乎每个人都清楚，要求供应商或卖家声明其没有使用开源软件已经过时且毫无意义。如今，大多数交易都关注风险的披露和分配。已经发生巨变的是，目前日常采购或开发交易中的开源陈述几乎与并购（M&A）和投资中的一样普遍。

然而，开源陈述却总是写得不尽如人意——要么过于狭窄，要么过于宽泛（有时两者兼而有之），以至于毫无意义。在某些方面，开源陈述与其他技术和知识产权的陈述是一样的；而在其他方面，又大不相同。

首先，考虑在各种技术交易中非常常见的如下陈述：

> 本软件的使用不会侵犯任何第三方知识产权。

如果您的交易中出现了这一担保，您已经规避了使用开源软件的大部分风险。违反开源许可证的条件会导致许可终止（或在少数允许对违反许可条款有补救期的许可证情况下，常常会很快被终止）。因此，违反开源条件将触发对该陈述的终止。然而，许多律师错误地认为，需要特别附加开源陈述来解决责任问题。事实上，尽管附加信息（有时称为**上市陈述，listing representation**）对尽职调查有用，但可能并不必要。

如今，大多数交易都要求披露基本的开源信息，以便买方能够开展其自身的尽职调查。日常交易中的此类披露通常仅限于自我报告。如今，大多数并购交易都会使用外部代码扫描工具进行取证分析（关于对自我报告的开源信息披露进行尽职调查的一些挑战，请参见第 12 章）。

虽然可以要求供应商或卖方作为尽职调查事项将其产品中包含的开源软件作为附件或披露清单的一部分单独提供，但这类信息通常与上市陈述一起进行强制披露。起草和列出此类协议中的陈述可能更富挑战性。其中许多协议要求的信息要么太少，同时又要么太多。

起草协议开源条款的第一步是定义**开源软件（open source software）**。以下是一个定义示例，其中包含了一些最常见的起草问题。

> **公共软件（Public Software）**是指本公司使用的且以源代码形式或根据开源倡导组织认证的任何公共源代码、免费软件、社区或开源许可证（包括太阳公司二进制代码许可证、GNU 通用公共许可证和 Netscape 公共许可证）公开提供的所有软件。

上面的例子相当糟糕，存在如下缺陷。

- **公共软件**不是开源社区使用的术语。
- 列举了已废弃的许可证。
- 列举了不存在的许可证。
- 假设所有的开源许可证均已通过 OSI 认证。
- 包括免费的专有软件。
- 包括所有始终以源代码形式存在的软件（如 JavaScript）。[1]
- 包括本公司拥有和发布的软件，但不包括由第三方授权给本公司的软件。
- 要求披露本公司使用的所有软件，而非该产品中的软件。

下面是一些我认为比较好用的定义示例。

> “开源许可证”是指符合开源定义（由开放源代码促进会颁布）或自由软件定义（由自由软件基金会颁布）的所有许可证，或任何实质上类似的许可证，包括但不限于开放源代码促进会认证的所有许可证或所有知识共享许可协议。为免疑义，开源许可证包括

1　关于本话题的详细内容，请参见第 2 章。

但不限于著佐权许可证。

“著佐权许可证”是指任何将修改或分发创作作品须基于本许可证免费提供本作品或衍生作品作为使用条件的许可证。如果是软件，则必须以源代码形式提供，或根据条款允许对该软件进行反向工程。著佐权许可证包括但不限于 GNU 通用公共许可证、GNU LGPL、MPL、CDDL、EPL 及所有“相同方式共享”的知识共享许可协议。

为**著佐权许可证（Copyright License）**单独创建一个定义，可以帮助人们免除对宽松开源软件进行不必要披露的要求。该陈述的目的是强制披露足够的信息以进行尽职调查。但是，该等陈述应避免提供过多的信息而给卖方带来大量不必要的工作、给买方提供不必要的信息，这些都会减缓尽职调查过程，且最终导致由于披露信息将过多风险转移给买方的情况。

“开源和著佐权材料”。公司对公司产品所有的使用和分发，以及公司对任何基于开源许可证的材料均符合其适用的开源许可证，包括但不限于所有版权声明和归属要求以及所有提供源代码的要求。披露清单第 [______] 节列出了公司该产品中包含的所有开源材料（如果有版本号的话，还包括版本号），以及（1）公司使用该等开源材料所依据的开源许可证（如果有版本号的话，还包括版本号），（2）公司最后一次访问开源材料的互联网地址（如有），（3）开源材料是否已由公司或代公司进行修改，（4）开源材料是否已由公司或代公司进行分发，（5）适用的公司产品，以及（6）就著佐权材料而言，这些著佐权材料如何与适用的公司产品的其余部分进行整合或交互。除上述规定外，公司使用著佐权材料的方式并不要求该公司的产品（含其任何部分）受任何著佐权许可证的约束。

如今，大多数律师都明白，产品中的开源软件要素远比供应商或卖方用于后端处理甚至产品开发的任何要素更值得关注。因此，强制披露的需求已缩小到在该产品中实际使用的要素，这些要素构成了该交易的价值基础。

17.1 风险分配

客户经常问我，在交易中进行开源相关的风险分配时，什么是合理且常规的。他们要么认为供应商不应该为第三方开源软件承担任何责任，要么认为供应商应该为其承担所有责任——这通常取决于他们在交易中所处的立场。

当然，这样的问题并没有唯一的答案。交易中的风险分配通常取决于哪一方拥有更大的议价能力。为了达成交易，很多厂商同意为其无法控制的开源软件承担风险。但是，可以通过理性的方法来评估这个问题。

交易谈判者往往将该问题视作一个道德问题，从而发现难以就风险进行分配。实则不然，这其实是一个商业问题。风险分配有两种首要方法：控制和定价。

一种学派认为，应该由交易中最能控制风险的一方承担风险。这从实践角度来看是有道理的，而且也迎合了对道德方面问题的指责。根据该理论，应当由做出使用第三方软件决定的一方承担该风险。当然，做出该决定的一方几乎总是供应商。

另一种学派认为，应该由在交易中赚钱的一方承担风险。在会计学上，该产品的收款方可以将该购买价格的某些部分作为未来责任或损失的储备金。当然，该产品的收款方几乎也总是供应商。

虽然这两种理论都很有用，但并不能说明全部问题。以购买由成品硬件、Linux 平台的应用程序和 Linux 系统组成的存储设备客户为例，假设该应用程序（在产品中提供了最多的附加值）主要由该供应商编写的专有代码组成，谁应承担该 Linux 系统的风险呢？

这个问题可能难以回答。虽然确实是该供应商选择了该软件，但如今指望这类产品供应商使用其他软件可能并不现实。Linux 在嵌入式系统中非常流行。另外，至少从理论上讲，该客户受益于 Linux 平台的免版税特性，支付的价格较低。因此，即使供应商收取了该产品的费用，但客户选择了基于开源系统的产品也是省钱的。

另一个例子是一个由运行在 LAMP 堆栈上的电子商务应用程序组成的产品。为方便起见，该供应商可以提供一个同时包括该应用程序和 LAMP 堆栈的软件工作实例。但是，客户也可以很容易地单独购买该 LAMP 堆栈，或者客户可选择在 Windows 系统而非 Linux 系统上运行该应用程序。从这个意义上讲，使用 Linux 既是该客户的决定，也是该供应商的决定。

由于这些细微的差别，供应商往往不就第三方开源（软件）承担风险。

也请记住，风险有不同的类型——两种主要的类型是性能担保和知识产权担保。**性能担保（Performance warranties）**是指该产品将提供已告知的功能，而**知识产权担保（intellectual property warranties）**是指该产品不会侵犯第三方知识产权。供应商们几乎都会承担性能担保的风险。这是因为，他们通常对自己选择的开源软件有信心，且其质量控制检查并不太依赖该产品中的软件是否开源。

知识产权担保则不同。在大多数情况下，供应商没有来自其上游供应商（可能是一个非商业性的开源项目，也可能是一个诸如红帽公司的商业供应商）的知识产权担保。请记住，开源许可证是按原样提供的，因此，除非有单独的合同，否则知识产权担保并不包括在内。

然而，供应商对其产品中的第三方开源组件承担多少责任有时会有细微的差别。供应商更多的是对集成到供应商产品中的库或其他小型开源组件承担责任。但随着开源运算平台的普及，供应商可以不就 LAMP 堆栈、Hadoop 或 OpenStack 等基础设施软件承担责任。

具有讽刺意味的是，在考虑第三方侵权责任时，这些流行的基础设施元素可能是风险最小的。指控开源项目侵害版权和商业秘密的诉讼其实相当罕见。主要风险是第三方专利侵权。更具讽刺意味的是，这是开源软件和专有软件分歧最小的问题，也是供应商自身代码和开源代码分歧最小的问题。供应商自身代码和开源代码都可能受到第三方（专利）侵权指控，甚至专有供应商也试图避免其就自身编写代码的第三方专利诉讼的责任。

十年或二十年前，在并购交易中，买方通常会坚持认为开源陈述是**特殊陈述（special representations）**，这种陈述可能导致责任加重甚至是无限责任。在并购交易中，通过第三方代管，买方可以就违反陈述和担保提起诉讼，因而责任通常非常有限（常常是购买价格的 10% ～ 15%）。如今，对开源陈述的处理不太可能与其他知识产权陈述有任何不同，这样是对的，因为开源知识产权问题一般来说并不比其他任何知识产权问题更危险。加强救济的呼声可能来自一种错误想法，这种想法认为“病毒式”许可证会导致专有代码自动受这些许可证的约束。如果前述情况属实，则加强救济是合理的，但这种情况从未发生过而且在法律上甚至不可能实现（关于著佐权许可证及其救济措施的讨论，见第 6 章）。对这一灾难性后果的恐惧一旦消退，买方对违反开源陈述的无限制救济措施的坚持也就消退了。

17.2　起草客户协议

如果您负责为包含开源软件的专有产品准备客户协议，那么您应该遵守一些规则。

最重要的是，GPL 和 LGPL 不允许以不同条款对二进制文件进行许可。出于这个原因，如果您打算基于其他条款对包含这些元素的产品进行再许可，实际上是违反该许可证的。如果您计划在您的产品中包含 GPL 或 LGPL 组件（假设您的这个计划合规——请参见第 8 章和第 9 章），您必须将这些产品的许可从您的客户协议中剥离。该剥离陈述可能如下。

> 尽管有前述 [参考许可证授予] 的规定，被许可方承认，本软件的某些组件可能被所谓的开源软件许可证（**开源组件**）所涵盖。所谓的开源软件许可证，是指被开放源代码促进会认证为开源许可证的任何软件许可证或任何实质上类似的许可证，包括但不限于任何（作为基于该等许可证分发该软件的条件）要求分销商以源代码形式提供该软件的许可证。在涵盖开源组件的该等许可证所要求的范围内，该等许可证条款将代替本协议条款适用于这些开源组件。如果适用于开源组件的该等许可证条款禁止对本协议中有关该开源组件进行任何限制，则（本协议中的）该等限制将不适用于该等开源组件。如果适用于开源组件的许可证条款要求提供与软件相关的源代码或信息，则该要求就会被提出。对源代码或相关信息的任何请求应仅发送至以下地址 ______________。被许可方会承认本软件首次交付时收到了该等开源组件的声明。

只要基于著佐权许可证提供源代码，则大多数弱著佐权许可证允许基于其他许可证许可二进制文件。因为这是最简单的二进制分发方式，所以大多数公司都会采取这种方式。上述条款称："在涵盖开源组件的该等许可证所要求的范围内，该等许可证条款将代替本协议条款适用于这些开源组件。"在这些情况（弱著佐权许可证）下，不需要基于同一个弱著佐权许可证许可二进制文件。当然，对于得到宽松许可的开源组件也是如此。

上述规定是刻意宽泛表述的。您可以将例外情况"硬编码"到您的许可证中，但产品中的开源组件每变化一次，就必须对其进行修改。大多数公司发现回避这样的做法更加容易，但这可能会导致不合规。

上述规定中有一项内容是专门针对LGPL组件的。LGPLv2.1第6条表述如下。

> 作为上述几条的例外，您也可以将"使用本库的作品"与本库组合或链接，以生成包含本库部分内容的作品，并根据您自行选择的适用的许可条款分发该作品，前提是该许可条款允许客户出于自身使用目的修改该作品并为调试此类修改而进行反向工程。

专有产品的最终用户许可协议通常包括与该LGPL条款冲突的禁止反向工程条款。

请记住，上述剥离表述中，当存在潜在冲突时，对开源许可证的遵守优先于专有最终用户许可协议。这是基于以下假设：对EULA条款的轻微侵犯（例如使其禁止反向工程条款不适用于LGPL代码调试修改的反向工程）是确保遵守开源许可证和避免失去开源软件许可的一个小代价。

17.3 开发协议

聘请开发者开发软件的公司长期以来一直使用向客户转让知识产权的协议（这些协议有时被称作"雇佣作品协议"，尽管这个叫法是错误的。版权法中的"雇佣作品"原则通常只适用于雇员）。一份典型的开发协议可能包括以下几类知识产权。

- 开发者在该项目之前开发的或独立于该项目开发的材料。将这些材料的许可授予客户通常没有限制。
- 开发者为该项目新开发的材料。这些材料的知识产权通常转让给客户。

然而，如今，大量的开发要么是对第三方开源软件的修改，要么是要求将第三方开源软件纳入正在开发的材料中。这种新的开发模式需要一个更加精细的知识产权结构。以下是一些示例。

- 开发者在该项目之前开发的或独立于该项目开发的材料。将这些材料的许可授予客户通常没有限制。
- 开发者为该项目新开发的材料。这些材料的知识产权通常转让给客户。
  - 这些材料可能包括对第三方著佐权材料的修改。这些修改的知识产权通常转让给客户，但实际上可能受制于第三方开源许可证的条件。
- 第三方开源材料。这些材料由开发者提供给客户，但由开源许可方进行许可。

另外，如今有些开发者是专门受雇来创建和发布开源材料的。在这种情况下，该客户可能希望开发者根据开源许可证向公众发布由此产生的开发成果而不再寻求该软件权利的转让。谨慎的客户也会收到一份单独的材料许可，以确保不会因为违反该开源许可证而被提起知识产权诉讼——如果客户为开发付费后发生此类情况，将会很讽刺。此外，该客户还可能希望确保该开发者不对其开发的软件申请专利。因此，该客户可以寻求这方面的承诺或专利权转让。

如今几乎所有的开发项目都与开源有着或多或少的关联，所以企业在资助开发的过程中要密切关注可能用于开发项目的第三方开源软件。许多公司在雇用了不恰当使用开源合规流程的开发者时，无意中违反了开源许可证。公司在适用其开源合规政策时，对待外部开发者和内部开发者应一视同仁。

在开发者项目中，将开源软件审查和技术审查结合起来是一种良好的实践。因此，许多公司现在将开源软件审查纳入其验收程序中。

第 18 章

政府监管

软件在很大程度上是一个不受监管的市场，因此无论是开源许可模式还是专有许可模式，软件许可的大部分规则都是私人订制内容。然而，在某些相关领域，政府监管可能会和软件许可发生冲突。本章讨论如何解决或者至少是平衡开源许可和政府监管的规则。

18.1 政府采购

开源软件运动崇尚自由、透明。开源软件许可证利用版权法的力量，确保所有用户都有研究、修改和再分发软件的自由。正如 FSF 所称："如果您使用程序开展生活中的活动，您的自由取决于您对该程序的控制。"将开源代码置于所有人面前，便很容易发现并消除后门、间谍软件或其他隐蔽的控制机制。

自由、透明也是现代政府理论的基础。正如布兰代斯（Brandeis）大法官所说，阳光是最好的消毒剂。如今，政府的许多基本职能要靠技术来执行。当软件执行政府职能时，源代码保密便是一个政治问题。今天，公民和国家之间的每一次互动几乎都涉及计算机，无论这意味着公民通过网站与政府机构打交道，还是政府依法获取人们的选举信息，又或是政府利用软件和技术进行选举。因此，许多参与或不参与开源运动的人都认为，政府为保持自由、透明，应尽可能地采用开源软件。

一个用纳税人的资金购买其运作工具的政府对其公民也负有透明的义务。在美国，政府或其机构采购受一系列采购条例的约束。联邦采购受《联邦采购条例》（Federal Acquisition Regulations，FAR）的约束，该条例约束所有行政机关的采购。国防相关技术采购受《联邦采购条例》及《国防联邦采购条例补充条例》（Defense Federal Acquision Regulation Supplement，DFAR）的约束。各州采购受各州采购条例的约束，各州的采购条例不必与《联邦采购条例》一致或彼此一致。

虽然开源许可证确实赋予了对政府有用的广泛权利，但并不总是符合政府的采购程序或要求。而且，开源开发模式可能与政府采购的要求不符。例如，许多司法管辖区的法律或采购条例规定，政府采购的货物必须全部或基本在政府辖区范围内制造。而开源项目往往面向公众征集贡献，而贡献者可能来自任何地方。此外，政府偏好成本加成开发方式的趋势，可能无法与由一组志愿者维护的项目相适应。

在某些领域，开源许可证要么缺乏适当的条款，要么与政府技术采购要求相冲突。

- **适用法律。**某些政府采购条例要求所有合同条款或条件适用当地州法或联邦法律。大多数开源许可证故意省略法律或管辖地选择条款。
- **管辖地。**许多州和联邦采购条例要求争议解决要在特定管辖地。大多数开源许可证则没有管辖地选择条款。
- **进场权。**政府根据FAR为技术开发提供资金，可使政府有权强制供应商为该技术提供广泛的许可（《美国法典》第35卷第203节：进场权）。大多数开源许可证没有考虑进场权，且此类进场权的限制可能比适用的许可证的限制少。
- **主权豁免。**除非州政府明确放弃其豁免权，否则不能成为民事诉讼的对象。与州政府签订合同往往涉及放弃使其协议可维权的主权豁免。换言之，根据当地法律，除非州政府同意，否则不能对州政府就任何著佐权条件进行维权。请记住，版权法是联邦法律，而联邦法院对州政府没有管辖权。

当被许可方是政府机构时，其中一些问题可以用现有开源许可证附带使用协议来解决。但是，该替代条款不可能对该许可证范围或自由行使进行变更。例如，人们可能会认为，一个希望使用 GPL 软件的政府机构可以拿着基于 GPL 的软件与许可方签订协议，并说明将根据该政府辖区法律解释 GPL。GPL 禁止改变许可证，也禁止对许可证进行附加限制。GPLv3.0 第 10 条规定："您不得对基于本许可证授予或确认的权利行使或施加任何附加限制。" 第 7 条告知被许可方，如果该软件"包含一个声明，称其受本许可证及一个附加限制条款的约束"，则可忽略该声明。

在开源社区中，有很多关于什么构成 GPL 等许可证所禁止的**附加限制（further restriction）**的争论，FSF 倾向于对这种限制可能包括的内容采取一种宽容的态度。例如，对于苹果应用商店条款（如限制在特定设备上使用软件的条款）是否构成附加限制，以及 Apache v2.0 的专利防御性终止条款是否使其与 GPLv2.0 不兼容等问题一直有争议。如果政府许可方和供应商同意该等限制，则其将因此承担违反诸如 GPL 等许可证的风险。

此外，即使不将附加的政府特定条款视为违反许可证的附加限制或修改，许多政府机构实际上也不会为适应开源许可证模式而改变其采购条款。

因此，从目前情况来看，著佐权许可证和政府采购之间存在根本矛盾，目前还不清楚哪一方将先做出让步。各国政府仍将继续表达其使用开源软件的倾向，但其政策目标并不总与其采购规则相符。

18.2 出口

在美国，软件出口受两套条例的约束：美国商务部（工业安全局或 BIS 的一部分）条例和国防部条例。包含加密功能的软件受特定法规的约束。[1] 然而，

1 Encryption products are regulated by the US Department of Commerce's Bureau of Industry and Security (BIS) through the Export Administration Regulations (EAR), 15 C.F.R. §§ 730 – 774. Exports of encryption products specifically designed for military applications are regulated by the Department of State's Directorate of Defense Trade Controls (DDTC) through the International Traffic in Arms Regulations (ITAR), 22 C.F.R. §§ 120 – 130.

所有软件出口都受常规的出口管制条例的约束，该条例限制美国人向位于禁运目的地清单国家的人或其国民、被拒绝人员清单或实体请单上的特定实体提供产品。 大多数开源软件因其源代码可公开获取从而适用该等条例的例外情形。如果要利用该例外情形，则需要向 BIS 报备该源代码的互联网地址。[1]

1　15 C.F.R § 734.7.and § 742.15(b).

第 19 章

维权和维权障碍

21 世纪，开源软件许可方第一次认真开展了维权工作，所以我们确实处于维权时代的黎明期。但是，开源诉讼有别于其他诉讼。了解开源软件诉讼与其他知识产权诉讼之间的区别，是优雅、有效地对开源诉讼做出反应，并将尴尬和代价降到最低的关键。

对我们所处现状的调查表明了维权领域是如何发展的。我们很快就会明白把开源诉讼的目录列入像本书这样的书中将不再明智或有用，但现在，观察我们曾经所处的位置就能清楚地说明我们现在置身何处。

21 世纪初，美国就开源许可法发表了第一份书面意见。人们普遍将雅各布森诉卡泽案的判决认作开源许可的胜利。该案强调了，事实上，开源许可证并非表面上看起来那样不能执行也不易受合同订立之诉的影响。在雅各布森案之前，有各种诉讼——大多数诉讼在威胁达到要创造判例法的程度之前就已经和解了，这为开源许可的执行奠定了基础。以下是一系列与开源许可有关的案例。

19.1 早期阶段：前雅各布森阶段

1. 普罗格雷斯诉 NuSphere 案（2001—2002 年）

NuSphere 和 MySQL 有这样一种商务关系：NuSphere 销售包括 MySQL 软件和其他专有软件在内的几款产品。专有代码（称为 Gemini）与 NuSphere

的 MySQL 增强版产品中的 MySQL 代码静态链接。虽然 MySQL 指控其违反了自身的 GPL 许可证，但该案是以商标为由判决的，法院回避了 GPL 方面的问题。[1]

2. 德鲁科技公司诉汽车工程师协会案（2003—2005 年）

这是最早期的开源案件之一，该案于 2003 年 11 月立案并于 2005 年初和解。德鲁科技公司基于 GNU 通用公共许可证发布了某软件，该软件被德鲁科技公司的一名员工发布到汽车工程师协会运营的一个留言板上。德鲁科技公司起诉要求强制删除该帖子，该案件以删除该帖子而和解。虽然没有报道意见，但结果表明 GPL 可以用来维权。

虽然本案几乎没有什么新闻和宣传，但其涉及一个常见但情况却恰恰相反的事实模式。德鲁科技公司的员工在无 GPL 声明的情况下贴出了该软件，更常见的情况恰恰相反。当今的科技公司经常雇用对开源软件非常热衷的软件工程师，这些员工（在离开公司时甚至在离开公司之前）可能会基于与其公司提供的专有条款相冲突的开源条款，未经授权发布代码。这种情况有时是由对谁拥有代码的误解造成的，雇员往往不完全理解版权法中的雇佣作品原则，并认为其对在受雇期间“用自己的时间”创造的开源软件拥有权利，这种误解通常集中在“什么是雇员自己的时间”和“雇员发明转让协议中权利转让范畴的复杂性”上；但有时也是由心怀不满的员工的实际渎职造成的。在任何情况下，未经授权的代码发布通常都通过（尽可能悄悄地）删除代码来解决。

3. 金诉国际象棋大学案（2006—2008 年）

金诉国际象棋大学案是一个快速吊起开源律师胃口的案件，这是因为，该案直接涉及 GPL 的范畴和解释——这是开源法律中一个尚未解决的大问题。在本案中，国际象棋大学被指控分发了原告的 GPL 软件（一个名为 Jin 的棋牌客户端），并在其中添加了一个视听库，其立场是 GPL 不要求公布该库的源代

1　Progress Software Corp. v. MySQL AB, 195 F. Supp. 2d 328 (D. Mass. 2002). MySQL was historically licensed under the GPL plus “FLOSS” exception, which would make linking proprietary code to it non-compliant.

码。而 Jin 的作者则主张需要公布该库的源代码。该案在以色列法院提起诉讼，并于 2008 年得以和解。

4. 行星运动公司诉科技开发公司案（2001 年）

该商标案指出，GPL 许可声明的使用是商标权人意图控制其商标使用的证据。[1] 法院称："由于 GNU 通用公共许可证要求希望复制、分发或修改本软件的被许可方包含版权声明，因此该许可证本身就是 [该许可方] 尽力控制与本软件有关的'CoolMail'商标使用的证据。"自 2001 年本案判决以来，人们对开源许可与商标管理之间关系的理解有了很大的发展。像红帽这样的公司开创了与开源许可证并行而不是通过开源许可证来管理商标权的先河。因此，如今大多数评论家都认为 GPL 声明不具有商标声明的功能。然而，本案中，法院从整体情况出发，评估原告是否有将该标识作为商标使用的意图，并同时参考了其他事实和情况做出了判决。

5. 国际计算机联合公司诉奎斯特软件公司案（2004 年）

该判决宣称，"Bison 是开源代码，这意味着其是由 FSF 免费分发的"，基于 GPL 的程序是"向公有领域自由发布的"，并且"GPL 将阻止原告对该 Bison 修改版声明版权的尝试"。[2] 同样，自 2004 年该案判决以来，对开源许可的理解已经有了很大的发展，因此在看待该案中法院观点时应抱有怀疑的态度。这些观点代表了一种对开源许可不正确或充其量是一种过于简化的看法。[3]

6. gpl-violations.org 组织维权案（2004—2015 年）

通常认为这组案件是 GPL 的第一次重大维权尝试。这组案件是由德国技术专家和开源倡导者哈拉尔德·韦尔特（Harald Welte）领导的 gpl-violations.org 组织提起的。这些案件先于美国诉讼并不奇怪，德国的法律体系与美国的法律体系有着巨大的差异。例如，德国法院允许单方面申请禁令（由原告

---

1 261 F.3d 1188; 2001 US App. LEXIS 18481; 59 USP.Q.2D (BNA) 1894 (11th Cir. 2001).

2 333 F. Supp. 2d. 688, 697 - 98; 2004 US Dist. Lexis 11832 (N.D. Ill. 2004).

3 非常感谢特里·伊拉迪（Terry Ilardi）帮助我指出国际计算机联合公司和行星运动的案例。

提起而被告不参与且由原告直接向法院申请的禁令)。德国是一个对准允知识产权禁令特别友好的法域。该组织最初提出的一系列案件中的一部分(但并不是全部)都与韦尔特先生自己的软件有关。这些案件中最广为人知的是针对英国飞塔公司提起的诉讼案件。慕尼黑地方法院对飞塔公司下达了临时禁令,禁止其销售不遵守 GPL 的产品。韦尔特还指控飞塔公司掩盖了其产品中 GPL 代码的存在,但飞塔公司对此表示异议。飞塔公司最终同意基于 GPL 提供其产品中的某些源代码。

从那时起,其他作者授权 gpl-violations.org 代表他们以类似方式提起诉讼,gpl-violations.org 与欧洲 FSF 合作,其也扩展为 GPL 和其他自由软件的特别维权组织。该网站于 2015 年初关闭。

19.2 美国正式维权硕果累累

1. 工具箱系列案(2007 年至今[1])

自 2007 年起,软件自由法律中心(SFLC)代表工具箱软件的两位作者——埃里克·安德森(Erik Andersen)和罗伯·兰德里(Rob Landley)提起了一系列诉讼。工具箱(软件)在一个小型、高效的可执行文件中模拟了许多对嵌入式设备非常有用的标准 UNIX 工具。第一起诉讼是针对季风多媒体公司(Monsoon Multimedia, Inc.)提起的。该案以发布源代码和解,并且未披露和解金额。SFLC 接下来针对 Xterasys 和高增益天线提起诉讼。两案均快速达成和解。2007 年到 2009 年期间,SFLC 对威瑞森通信(Verizon Communications)公司、贝尔微产品(Bell Microproducts)公司及超微电脑(Super Micro Computer)公司提起进一步诉讼。这些案件均快速达成和解。

2009 年 12 月 14 日,SFLC 又针对包括百思买(Best Buy)、JVC 和三星在内的 14 个被告提起诉讼。

1 本章中提及的“至今”均指本书英文版的出版时间,即 2020 年。

有一个案件是针对西屋数字电子公司提起的，但因被告正在进行清算且未对证据披露做出回应而未履行诉讼义务，因此被判支付损害赔偿金。法官判定了法定损害赔偿、律师费（因缺席而获得律师费）和禁令救济。虽然该判决将损害赔偿金定为“三倍”，但这仅在故意缺席情况中法院判定法定损害赔偿金上限的三倍的意义上正确。更好的描述是惩罚性损害赔偿金——根据《美国法典》第 17 卷第 504 节，如果侵权行为是故意的，法院可以酌情判定每件作品最高 150 000 美元的法定损害赔偿。被告未对证据披露做出回应，故从未提交支持核算实际损害赔偿的证据，因此法院无法通过调查对实际损害赔偿做出认定。另外，如果（被告）没有缺席行为，该原告可能因并未及时进行版权登记而无法获得法定损害赔偿。考虑到大多数软件作者未进行版权登记，这往往会成为开源许可证诉讼维权的一个重大限制。本案的结果很有意思，主要是因为它确认了开源诉讼可以获得禁令和法定损害赔偿，但该案的事实并不太常见，因此可能很难据此对不缺席判决进行推断。

随着类似案件的进一步发展，西屋数字电子公司的一个继承实体也遭遇了同样的命运。2011 年 8 月 8 日，纽约南区联邦地区法院裁定西屋数码有限责任公司（以下简称“WD”）因未能为其工具箱案进行辩护而被判藐视法庭。西屋数码电子有限责任公司（以下简称“WDE”）不服该缺席判决，在面临严重的经营困境后对其资产进行清算并告知法院其不会为该诉讼进行辩护。WD 购买了 WDE 的资产。法院对 WDE 与 WD 之间是否存在“实质身份连续性”进行了评估，并认为的确存在身份连续性。法院要求就损害赔偿和律师费提供证据，并下令没收所有侵权物品。

需要指出的是，工具箱案件只涉及工具箱（软件）的部分开发者，显然不包括原作者布鲁斯·佩伦斯（Bruce Perens）和曾为工具箱（软件）做出重大贡献的维护者大卫·辛尼奇（Dave Cinege）。佩伦斯随后发表声明批评目前的工具箱（软件）开发者，称：“安德森先生在诉讼中主张版权登记所依据的工具箱（软件）0.60.3 版本很大程度上是我自己和其他开发者的作品。我并非该登记的当事方，根本不清楚安德森先生是否拥有该作品的大多数权益。”

共同所有权是开源维权中的一个潜在问题。虽然在工具箱案例中，主要作者或多或少是有先后顺序的（最繁重的工作已经从佩伦斯转移到了辛尼奇等人），但开源项目往往是合作的。开源开发相关信息和言论常常强调开源的协作性的性质，这也是主张开源项目实际上是合作作品的主要依据。根据美国法律，合作作者均对该作品享有不可分割的权益，并可自由地给该作品授予许可。[1]因此，被告在面对众多作者之一的诉讼主张时，可以从合作作者寻求许可，并申请许可辩护。另外，被告也可以提出程序性抗辩，即诉讼请求只在所有作者都加入的情况下才能被提起。美国法院有时会有这样的要求，有时又并非如此。当他们这么要求时，给出的理由是，如果任何作者都可以授予许可，那么除非所有作者都参与进来，否则就无法解决该诉讼主张。即使被告最终并没能从原告作者处获得许可，上述要求也可能会拖延该诉讼并使得案件相当复杂，继而使维权变难。

工具箱案在许多方面成了维权时代的典型行动。这些案件是由 SFLC 提起的（尽管代表的是私人当事人）。这些案件往往很快就能达成和解，这反映了 SFLC 通过选择追究明确的违法行为来建立维权记录的战略。宣布这些和解条款的新闻报道读起来都差不多，且几乎总是较详尽地描述了以下内容：任命一名开源合规官、约定合规分发（通过沟通声明和发布源代码）、支付损害赔偿金（虽然可能比人们对专有软件诉讼判罚的损害赔偿金期望要低）。这种形式的和解反映了一个积极的原告所关注的典型问题——聚焦于合规性和透明度，而非实质的损害赔偿。

2. 雅各布森诉卡泽案（2006—2010 年）

2008 年 8 月，美国联邦巡回上诉法院发布了迄今为止美国关于开源许可最重要的决定，并遵循了开源社区的指导。

---

1 Subject to certain requirements to account, for instance. See Oddo v. Ries, 743 F.2d 630 (9th Cir. 1984).

本案源于一系列复杂事实。原、被告双方都开发并分发了用于控制模型铁路的软件。雅各布森根据开源许可证免费提供“Java 模型铁路接口”（JMRI）软件，而卡泽通过其公司卡曼德公司，基于专有许可协议销售商业产品。特别需要说明的是，雅各布森通过 JMRI 项目提供了名为 DecoderPro 的软件，火车模型爱好者使用该软件对火车模型中的解码芯片进行编程以控制灯光、声音和速度。

雅各布森收到一封称 JMRI 软件侵犯了卡曼德公司所拥有的专利的来函，并请他就这些专利获取许可。雅各布森提起了确认之诉，要求法院裁定该专利因现有技术（或未公开包括雅各布森本人专利在内的现有技术）而无效或不构成侵权。开源领域大量报道了卡泽的初始诉讼请求，人们担心软件专利的存在意味着开源项目的死亡。随着该专利案件的推进，雅各布森发现卡泽抄袭了他的部分开源软件，并将其用在了卡泽的专有产品中。雅各布森的软件使用的是 Artistic 许可证，这个许可证最初是为了给 PERL 编程语言解释器提供权利而编写的，使用相对较少。Artistic 许可证的要求不高，并通常被认为是一个类似于 Apache、BSD 或 MIT 许可证的宽松型开源许可证。作为行使许可证的一个条件，Artistic 许可证要求某些版权声明和许可声明并标识对原作者的源代码所做的修改。由于卡泽没有保留这些声明，雅各布森提出反诉，指控卡泽违反了该许可证。

2007 年，加利福尼亚北区联邦地区法院对此案做出先行裁决，声称违反该许可证构成违约。然而，法院裁决并未支持版权侵权的诉讼主张。法院的理由是，卡泽虽然对受版权保护的作品行使了权利但其得到了许可，因此不需要承担侵权责任。版权侵权的诉讼主张可能由于违反了许可证范畴，但法院对违反许可证范畴和许可证条件进行了区分。这种区分是开源法律的核心，因为开源许可证授予了所有版权权利，因此通常不太可能违反开源许可证的范畴，而仅能违反其条件。

自由软件基金会（FSF）等自由软件的倡导者长期以来采取的立场是其许可证并非合同。这一立场最初可能是为避免 20 世纪 90 年代初困扰软件在线分发法律的合同订立问题的一种战略尝试，尽管受到一系列支持下载环境下合同可执行性案例发布的干扰，但该立场始终存在。

本案的问题在开源法律界有时被称作**许可或合同（license or contract）**问题。换言之，开源许可证是合同还是仅是附条件许可（关于这个问题的详细讨论，请参见第 5 章）？开源许可证是许可还是合同，决定了如果被许可方违反许可证的条件可以采取什么类型的救济措施。如果开源许可证的条件仅仅是合同承诺，那么如地区法院的判决所称，通常不适用禁令救济。但是，如上诉法院所言，违反条件将被许可方的行为置于该许可证范畴之外，那么未经许可的行为构成版权侵权，则更可能获得禁令救济。开源倡导者还担心，基于合同法违反开源许可证的经济赔偿可能比基于版权法的赔偿（包括法定赔偿和实际损害赔偿）更有限。

FSF 长期以来一直认为，开源许可证是许可而非合同。但是这可能会带有误导性，因为许可和合同并不互斥。大多数许可合同既是附条件许可又是合同。雅各布森案认为，违反开源许可证的条件可以构成版权侵权，但并不是说，开源许可证不是合同。

这个问题的另一面，即许可证的条件是否可被视为可由法院命令其履行的契约，并没有被讨论。但对大多数企业的免费软件用户来说，这是“与公司打赌”的问题。如果提供源代码是一种合同约定，则不提供源代码就构成违约。但是，即使是违约，根据合同法的规定通常也不能获得特定履行。大多数公司在处理 GPL 时，最担心的是会被迫开放专有软件。事实上，可能出现的最坏情况是，他们将面临一个霍布森选择：要么开放专有软件（源代码）并遵守 GPL，要么替换 GPL 代码。

在该诉讼主张能否体现在版权的问题上（也就是该诉讼主张是否可以用版权术语来表述），上诉法院推翻了这一观点，并将案件发回地区法院以确定雅各布森是否确立了其禁令主张。美国联邦巡回上诉法院的意见被誉为开源许可的胜利。

本案充满讽刺意味。这个判决可能是开源许可领域迄今为止最重要的判决，它涉及相对晦涩的 Artistic 许可证（尽管法院在一个脚注中提到了 GPL，意在暗示对于其他开源许可证，法院也试图进行同样的判决）。此外，这个判决是美国联邦巡回上诉法院发布的，而美国联邦巡回上诉法院主要负责裁决专利维权案件（开源领域的罪魁祸首）。最后，本案之所以被提及，只是因为卡泽选择了向其明显抄袭代码的一方提出专利诉讼主张——这可能是最好的规避策略。

2009 年 12 月 10 日，在发回重审时，下级法院发布了一项命令批准并驳回了双方提出的部分动议的简易判决。法院称，“虽然原告在互联网上无偿分发复制作品无可争议，但卷宗中也有证据表明，贡献者为 JMRI 产品所做的实际工作具有货币价值”。因此，法院称，该卷宗“可以确定一个损害赔偿金额”，这就打消了开源作者提起侵权诉讼主张但却因开源许可的免版税性质而无法获得实际损害赔偿的顾虑。

雅各布森诉卡泽案于 2010 年最终得以和解，避免了二次上诉。和解书中包含了地区法院禁止进一步侵权行为的禁令，而且和解书并不保密。大多数和解都是保密的，且法院在和解中发布实际禁令有点反常。但是，如果该禁令是在法庭上赢得的，而非在和解中达成的，则其将具有更多的先例性意义（该地方法院此前曾拒绝发布禁令）。

重要的是，本案涉及的是原始 Artistic 许可证。如果宽松许可证可维权，便为著佐权许可证的可维权性奠定了坚实的基础。在雅各布森案中，对版权人的实际损害问题是一个明确的问题。为使雅各布森获胜，法院必须决定损害足以触发救济措施。对于宽松许可证而言，损害主要指未能发送声明。对于著佐权许可证而言，其条件要重要得多，违反这些条件会造成更大的损害，从而有更多获得救济的机会。

3. 自由软件基金会诉思科精睿案（2008—2009 年）

这起诉讼值得注意之处在于其是 FSF 作为原告提起的第一起诉讼。自 2003 年思科收购精睿以来，思科精睿消费者无线路由器中的 GPL 软件一直存在合规问题（关于 2000 年初发生的非正式纠纷细节，请参见我于 2005 年在 *Linux Insider* 上发表的文章 *The Legend of Linksys*）。这场纠纷的结果是思科精睿相当快地发布了源代码，但 FSF 仍持续发现该款路由器存在合规问题，并最终于 2008 年提起诉讼。被诉软件包括各种 GPL 和 LGPL 组件。该诉讼并未进入实质诉讼阶段即于 2009 年达成和解，从该和解的新闻来看，该案与工具箱案的和解非常相似。

19.3　后雅各布森时代和战略性原告

1. 阿特菲克斯系列案（2008 年至今）

阿特菲克斯（Artifex）是 Ghostscript 系列软件的供应商，该系列软件主要用作打印机的嵌入式软件。2008 年和 2009 年，阿特菲克斯就 GPL 维权问题向一些私营公司提起首批诉讼。第一个原告是选举解决系统（Premier Election Solutions）公司，其当时是迪堡（Diebold）公司的子公司。该案很快就达成了保密和解。2009 年，在与其 MuPDF 软件（一种高性能的 PDF 渲染引擎）有关的诉讼中，阿特菲克斯对 Palm 公司和其他被告提起诉讼。这些案件均已和解。

2. 双子峰软件有限公司诉红帽公司等案（2013 年 7 月）

生产专有网络备份软件的双子峰软件（TPS）有限公司起诉了红帽公司及红帽公司收购的子公司 Gluster。TPS 主张，GlusterFS 软件作为将多个存储份额聚合成单一卷的一个网络文件系统，侵犯了 TPS 的镜像文件系统（MFS）专利。红帽公司最初对该专利侵权诉讼的回应是否认侵权并主张该专利无效，但后来红帽公司又提出反诉，称该 TPS 产品集成了红帽公司产品中的开源软件却没有遵守 GPL。红帽公司寻求对该 TPS 产品发布禁令。该案很快以和解告终，说明 TPS 认为这比依据事实情况坚持其专利诉讼主张更好。

3. 美国海关案例（未提起）——融合车库公司

2010 年 9 月，一位 Linux 内核开发者马修·盖瑞特（Matthew Garrett）在博客上发表了一篇文章，威胁要以违反 GPL 为由向美国海关提起诉讼。他的博客描述了尝试获取 JooJoo 安卓平板电脑源代码失败的经历。根据这篇博客，平板电脑制造商融合车库（Fusion Garage）公司并没有按照 GPL 的要求回应其索要源代码的请求。

因为这种维权方法是 1930 年《关税法》第 337 条（《美国法典》第 19 卷第 1337 节）授权的，有时将其称作 **337 调查（337 action）**。如果美国国际贸易委员会（International Trade Comission，ITC）认为某货物违反了第 337 条的条款，它可以发布禁令禁止侵权货物进口到美国。该禁令由美国海关与边境保护局（Customs and Border Protection，CBP）执行，美国海关与边境保护局可以在边境扣押该货物。CBP 对版权的边境执法基本上仅限于已在美国国会图书馆注册登记并在 CBP 备案的版权。

美国政府发布的一份通告称：

> 公众可通过美国海关与边境保护局被称作在线指控（e-Allegations）的在线贸易违规报告机制向美国海关与边境保护局举报潜在的知识产权侵权行为。公众可在 www.cbp.gov/trade/trade-community/e-allegations/e-allegations-faqs/ 上查阅在线指控及其他相关信息。美国海关与边境保护局还在维护一个在线备案系统，即知识产权电子备案系统，权利人能够通过该系统以电子方式向海关与边境保护局备案其商标和版权，并通过向海关与边境保护局人员提供便于查找的知识产权档案信息为知识产权扣押提供便利。

这意味着，虽然只有版权人可以提出侵权主张，但任何人都可以就进口侵权进行举报。长期以来，这些 337 调查一直被当作一种知识产权维权策略来使用。337 调查通常比联邦诉讼更快、更便宜，因此特别受专利原告欢迎。但是，其救济措施与联邦法院不同。例如，虽然 337 调查更可能快速地获得紧急排除令，但无法获得损害赔偿。此外，在专利调查中，原告必须证明该专利被用于“现存国内实业（existing domestic industry）”[1]，如此便可将非实施实体（NPE）或专利流氓的主张排除在外。

自盖瑞特的博文发布以来，似乎并没有提起任何诉讼，但该案仍然值得一提，因为它展示了开源领域的另一种诉讼方式：使用一种已经在专利和其他知识产权侵权诉讼主张中流行的策略。

4. 微软的 Linux 专利维权项目（2009 年至今）

2009 年，微软对汤姆汤姆（TomTom）公司（消费者 GPS 设备制造商）提起专利诉讼，指控该公司产品的 Linux 内核中的代码侵犯了微软的某些专利（包括三个文件管理专利在内）。此后不久，双方就这起诉讼达成和解，汤姆汤姆公司向微软支付许可费且双方进行为期五年的专利交叉许可。一份联合新闻称，该和解协议“完全符合汤姆汤姆公司基于 GPLv2.0 的义务”。汤姆汤姆公司还同意在两年内将与文件管理系统专利相关的两项功能从其产品中删除。

汤姆汤姆公司案中的专利诉讼主张也是微软一系列维权活动的基础，微软已明确将 Linux 视为一种竞争威胁。几乎所有维权均发生在消费电子产品领域：I-O DATA、亚马逊（Amazon.com）、Novell、兄弟国际有限公司（Brother International Corp.）、富士施乐株式会社（Fuji Xerox Co.）、京瓷办公系统有限公司（Kyocera Document Solutions Corp.）、LG 电子（LG Electronics）和三星电子公司（Samsung Electronics Co. Ltd.）。

虽然这些诉讼与开源许可并非密切相关——被诉产品的对外许可与核心专利侵权问题的侵权和有效性无关，但这些案件从两个方面影响了开源许可。首先，微软的和解方式是为符合被告基于 GPLv2.0 而非 GPLv3.0 对被指控软件进行许可而量身定制的，而 GPLv3.0 的条款与大多数此类和解协议的条款相矛盾（参见 GPLv3.0 第 11 条第 5、6、7 款的条款，被称为“反微软”和“反 Novell”条款）。其次，微软可能是极少数不分发 Linux 的技术产品公司之

1　19 USC. 1337（a）(I)(B)，(a)(2–3).

一——如果微软分发了 Linux，它在对可从 GPL 代码读取的专利进行维权时可能会面临巨大的挑战（基于 GPLv2.0 许可的是什么专利权一直是一个存在争议的话题，或者说是一个神秘话题，但其超出了本书讨论的范畴）。

微软的维权行动还在进行中。

5. 甲骨文美国公司诉谷歌公司案（2010 年至今）

2010 年，甲骨文公司在收购太阳微系统公司（并将其更名为甲骨文美国公司）后，便提起了指控谷歌安卓操作系统侵犯甲骨文美国公司某些专利以及甲骨文 Java 平台版权的诉讼。在其他条款中，甲骨文公司基于 GPL 附加“类路径（Classpath）例外”对 Java 进行许可。在这起诉讼中，甲骨文公司声称谷歌公司对 Java API 部分内容的重新实现侵犯了 Java 的相关版权。地区法院在所有专利和版权主张上均支持谷歌公司。法院裁定：“只要用于实现方法的具体代码不同，则任何人都可以在版权法范畴内自由编写自身代码来执行与 Java API 中使用的任何方法完全相同的功能或规范。声明或方法标题行是否相同并不重要。”[1] 因此，谷歌公司的行为并不需要从甲骨文公司获得版权许可；根据《美国版权法》第 102 节（b）款规定，API 是不受版权保护的“系统或操作方法”。因此，本案（最终）并不取决于是否违反了 GPL。该案被上诉到美国联邦巡回上诉法院并被推翻，美国最高法院驳回了该案的调卷令申请（petition for certiorari）。随后，就合理使用问题对该案进行了再审，2016 年 5 月，陪审团一致支持谷歌公司并认为其对 Java API 的重新实现是合理使用。在本书英文版付印之时，在美国联邦巡回上诉法院基于合理使用推翻判决后，甲骨文公司就该判决的上诉正等待美国联邦最高法院的判决（译者注：美国联邦最高法院已于 2021 年 4 月 5 日对该案做出最终裁决，并判定谷歌公司使用甲骨文美国公司的 JavaAPI 构架安卓操作系统是合理使用，并未违反美国版权法，因此谷歌公司不构成侵权）。

1 Oracle Am.,Inc. v. Google Inc.,872 F. Supp. zd 974（E.D.Cal.2012）.

6. 彭罗斯商标纠纷案（2011 年）

2011 年 5 月 6 日，加利福尼亚北区联邦地区法院一项针对红帽公司的诉讼被提起，提出了多项诉讼请求，其中包括一项取消商标注册的诉讼请求。根据该诉状，Apache 目录服务器项目的创始人亚历克斯・卡拉苏鲁（Alex Karasulu）建立了一个域名为 www.safehaus.org 的网站，旨在为目录和安全基础设施相关的开源软件组件提供生态系统。吉姆・杨（Jim Yang）就开发开源虚拟库软件的问题找到卡拉苏鲁进行接洽，卡拉苏鲁提出将该软件作为 Safehaus 公司的一个项目进行开发。卡拉苏鲁用“Penrose”作为虚拟目录软件的项目名称。2005 年 5 月 23 日，该彭罗斯（Penrose）软件发布初始版本。2008 年 3 月 13 日，杨通过其拥有的一家名为 Identyx 的公司申请注册了“Penrose”软件商标。随后，杨将 Identyx 公司卖给了红帽公司。该诉状称，杨在商标申请过程中歪曲了商标首次使用的基本事实，没有承认 Safehaus 公司的先用权和所有权，该诉状还称红帽公司基于在收购的尽职调查过程中得到的信息，已知 Identyx 公司在商标申请中的陈述是虚假陈述。基于上述指控，该诉状提出了多项诉讼请求，并请求法院宣告该商标注册无效。

7. gpl-violations.org 诉 FANTEC 案（2013 年）

gpl-violations.org 在德国对一家销售便利流媒体内容设备的欧洲公司 FANTEC 成功提起了诉讼。

FANTEC 公司的产品之一——FANTEC 3DFHDL 媒体播放器，包括基于 Linux 操作系统的固件。Linux 包括许多基于 GPLv2.0 的软件组件，GPLv2.0 要求所有二进制文件分发者向二进制文件接收者提供源代码。为了遵守 GPL，FANTEC 公司提供了一个可供下载的版本，该版本是从其中国合约制造商处得到的。不幸的是，这并不是二进制文件的正确源代码。

iptables 是一个基于 GPL 的数据分组过滤工具，哈拉尔德・韦尔特（Harald Welte）作为 iptables 的作者之一提起诉讼。FANTEC 公司曾于 2010 年与韦尔特就一起 GPL 纠纷达成和解，达成了一份禁止声明，其内容为：如果 FANTEC 公司在未来有任何违反 GPL 的行为，将支付约定违约金。2012 年，由自由软件基金会（FSF）主办的极客合规研讨会上，合规工程师发现固件的目标代码随 3DFHDL 包含了 iptables，而在 FANTEC 公司提供的源代码中却没有包含。这一信息被转发给了韦尔特，韦尔特向 FANTEC 公司发出了违约通知，并要求 FANTEC 公司支付之前在禁止声明中约定的违约金。FANTEC 公司答复称，其合约制造商已就该源代码的完整性做出担保，并拒绝了韦尔特的要求。韦尔特在汉堡联邦地区法院起诉了 FANTEC 公司，要求执行该禁止通知函。

FANTEC 公司声称，分析源代码是一个非常耗资且结果可能并不可靠的过程，其抗辩称，由于只有作者能够肯定地确定源代码是否准确且完整，所以应允许 FANTEC 公司信赖为其提供固件的合约制造商的陈述。然而，法院对此并不认同，认为 FANTEC 公司应就该错误承担责任。

这个案例是一个关于非常普遍问题的警示故事。和许多消费电子产品公司一样，FANTEC 公司被夹在了客户和供应链之间。在对韦尔特的裁决中，法院认为软件分发商不得信赖软件供应商做出的软件不侵犯任何第三方权利的担保。法院认为，FANTEC 公司就分发不完整源代码存在有责过失。法院认为，即使产生额外费用，FANTEC 公司仍有责任"通过 [其] 自身评估或有资质的第三方的帮助"确定该软件没有侵犯任何第三方权利。

开源经销商不能借由其供应商的过失行为来逃避责任。最好把源代码及其与二进制文件对应的演示作为供应链交付验收测试的一部分。

8. Mein Büro（2013 年）

Adhoc 数据服务有限公司与 WISO Mein Büro（My Office）企业应用软件的开发商——Buhl 数据服务有限公司达成了和解。Adhoc 基于 LGPL 许可证条款提供其 FreeadhocUDF 开源库（其中包括 UDF 的各种功能），Buhl 公司同意为违反该条款而支付 15 000 欧元。该和解处理了 2011 年 1 月判决的德国波鸿某下级法院的一起案件，该案认为，使用 WISO Mein Büro 2009 中的 FreeadhocUDF 库违反了 LGPL 的许可条款。

9. Continuent 公司诉泰科来公司案（2013 年）

在这起涉及美国 GPL 维权诉讼的案件中，一家私营公司起诉要求基于 GPL 进行维权。该诉状于 2013 年 7 月 2 日被提交至美国加利福尼亚南区联邦地区法院，诉状称被告泰科来公司未经许可复制并分发 Continuent 软件的行为违反了 GPLv2.0 的规定，从而侵犯了 Continuent 公司的版权。该案已达成和解并被驳回。

10. Versata/Ameriprise/Ximpleware(2014 年)

一系列与分发、GPL 范畴和违反 GPL 救济措施相关的案件的概述，参见 opensource.com/law/14/7/lawsuit-threatens-break-new-ground-gpl-and-software-licensing-issues。不过，这些案件现已和解并被驳回。

11. 黑尔维希诉威睿公司案（2015—2017 年）

Linux 内核的重要贡献者克里斯托弗・黑尔维希（Christoph Hellwig）在德国汉堡地方法院对威睿公司提起诉讼，指控威睿公司的 ESXi 产品没有遵守 GPLv2.0。因该案提出了 GPL 的范畴问题，开源领域的法律评论员对其保持密切关注。

本案涉及的是典型的 GPLv2.0 边界之争问题的另一面。多年来，开源律师和工程师就在基于 GPLv2.0 许可的 Linux 内核中添加专有驱动程序是否合规的问题上一直存在分歧。但在本案中，威睿公司实现虚拟化的专有 ESXi 内核，能够用 Linux 驱动程序来构建（SFC 认为这是不符合规定的）。法院认为，黑尔维希未能证明其为本案适格原告。具体而言，法院认为黑尔维希试图通过 GIT 资源库中的信息来确定其贡献的作者身份并不充分，该问题可能会给未来 Linux 内核开发者的 GPL 维权案件带来麻烦。在本书英文版付印时，黑尔维希已宣布停止其诉讼。

黑尔维希诉威睿公司案引发了开源社区关于采取法律行动进行 GPL 维权（更不用说该案是在一个被人们认为是挑选了管辖地的法院进行裁决的）是否

对自由软件的发展有利的众多纷争。但似乎不可避免的是，当 SFC 认为必要时将继续寻求法律救济，而德国仍然是 GPL 维权者的备选地点。

12. 麦克哈迪诉各当事方案

大约从 2015 年开始，一位名叫麦克哈迪（McHardy）的内核开发者开始在德国对多方提起违反 GPL 的诉讼。由于德国允许以非公开方式提起此类诉讼，因此无法对诉讼数量及被诉方进行核实。一段时间以来，业界都知道这种案子时有发生，但因负有保密义务而不能就这些诉讼进行公开讨论。

麦克哈迪是 Netfilter 核心开发团队的前主席。Netfilter 是 Linux 内核中的一个可以执行各种网络功能的实用工具，例如进行网络地址转换功能，其是将一个互联网协议地址转换为另一个 IP 地址的过程。控制网络流量对于维护 Linux 系统的安全非常重要。

沉默之所以被打破的部分原因在于，Netfilter 项目发帖称由于受到“帕特里克·麦克哈迪（Patrick McHardy）对其在 Netfilter 软件中编写的部分授权维权行动做法”的指控，“被迫遗憾暂停其核心团队成员帕特里克·麦克哈迪的工作”。该项目并没有透露这些指控或其对象，并且，虽然指出其“没有第一手证据”，但却引用了“各种可信的来源”。

软件自由保护协会（SFC）随后发表了更强势的声明，将其社区维权准则的颁布、Netfilter 项目对这些准则的采用以及麦克哈迪随后被停职三者之间关联起来。SFC 显然是想与麦克哈迪策略保持距离。

与黑尔维希相似，由于程序问题，麦克哈迪在坚持其诉讼请求时历经艰难，且人们普遍认为其辩护质量并不高。也就是说，将被贬作“版权流氓”的麦克哈迪与利用不入流的律师提起诉讼并寻求快速和解策略的专利流氓进行类比，可能也并无不当。这种流氓策略可能会因下文讨论的案件（未命名）中发布的那种判决而得到便利，该判决对未来的违规行为将会施以巨额罚款——这种机制可能对原告有很大的经济利益。

SFC 这类组织对维护维权行动的公信力和使命有浓厚的兴趣。然而，GPL

这类许可证是为了让作者有权力对不遵守许可证条件的行为提起版权诉讼而设计的，并且版权法是一把利剑。所以，那些为了金钱利益而寻求维权的人永远都有着合法的权利，社区规范未必能说服他们放弃该权利。

麦克哈迪的流氓行动之所以能够进行，部分原因在于德国的法律体系中包含有利于原告的因素和做法。例如，麦克哈迪发出了一种名为“Abmahnung”（“警告函”）的通知，该“警告函”是原告向被告提出的停止做某事的要求。在版权领域，它是版权人要求被诉侵权人停止侵权行为的函件。这些函件由律师而非法院发出，且通常是德国版权维权行动的第一步。在美国，最相似的做法是禁止函（cease and desist letter）。

警告函通常还包括一份 Unterlassungserklärung(“禁止声明”或“禁令声明”)，该“声明”就像一份合同——被告签署该声明后就会承担原本不存在的法律义务。尤其是，该声明可能包含 GPL 本身并不要求的义务。在德国，这类文件通常包含对不合规的惩罚。在美国，类似的文件是和解协议，但和解协议很少明确规定违约“惩罚”。事实上，在美国，“惩罚”在合同中是不可执行的。禁止声明也可能包含一项禁止公开的要求，这可能会削弱被告向其他被告寻求支持或提醒社区注意原告的主张的能力。

在德国的法律体系中，使用附有巨额惩罚的禁止声明的策略可以成为对付版权流氓的有力武器。

13. 违反 GPL 的临时禁令（2015 年 7 月）

德国某法院（哈勒地区法院）发布了一项解释 GPL 的判决，同时发布了一项禁止进一步不合规使用涉案许可软件的禁止令。

涉案软件是基于 GPLv2.0 或其任何后续版本进行许可的。被告是一所德国大学，该学校在没有提供 GPL 声明或源代码的情况下将该软件提供给其工作人员和学生下载。原告起诉了该大学，该大学将该许可软件从其服务器上删除。原告随后找到该大学，要求其签署一份“带有惩罚条款的禁止声明”，被告拒绝签署，并称因其已将该软件删除所以没有必要这么做。

虽然法院没有具体说明其解释的是 GPL 的哪个版本（v2.0 或 v3.0），但争议的焦点在于该许可证的终止条款。GPLv3.0 的第 8 条保留了 GPLv2.0 中的自动终止条款，但规定，如果被许可方于 30 天内纠正了其违约行为，则权利恢复。在本案中，被告在必要期限内纠正了其违约行为，但拒绝签署禁止声明。然而，法院裁定，恢复条款并没有排除原告为防止进一步侵权而申请临时禁令的权利。法院判决还裁定，对继续违反行为处以 5 万～ 25 万欧元的罚款（如不支付，则最长处以 6 个月监禁），并支付法律费用。

本案显示了德国管辖地对原告的友好性，以及美国和德国法律之间的重大差异。在美国，禁令不能用来防止已终止的违法行为再次发生，且不支付罚款通常也不会导致牢狱之灾。

19.4 其他与开源有关的案件和纠纷

有几个值得注意的案例并不严格涉及开源许可问题，但对开源知识产权风险的认知产生了影响。

1. SCO 诉 IBM、Novell、红帽公司、汽车地带和戴姆勒 – 奔驰案（2003 年至今）

虽然这一系列相关案件是迄今为止最受开源界关注的案件，但 SCO 案主要是违约案件，并没有对任何开源许可证寻求维权。事实上，IBM 将 SCO 违反 GPL 作为反诉提出，但这一系列案件是根据不同事实解决的。2010 年 4 月，陪审团裁决确定 SCO 并不拥有 UNIX 的版权，这几乎扼杀了 SCO 的全部诉讼请求。最终结局是 SCO 对 IBM 的诉讼被驳回，SCO 破产被中止，而 SCO 的破产在很大程度上又是取决于 Novell 诉讼案的结果。这起案件虽然还没有完全结束，但却已在漫长而缓慢的死亡过程之中。

2. 蒙特维士达公司诉朗润公司案（2000 年）

蒙特维士达（MontaVista）公司起诉其竞争者朗润（Lineo）公司，指控朗润公司在分发蒙特维士达公司编写的软件时将版权声明移除。[1]本案已达成和解。本案中的问题（移除声明）并非开源所特有。

3. 蒙纳公司诉红帽公司案（2003 年）

蒙纳（Monotype）公司起诉红帽公司，指控其侵犯了版权和商标权。这起诉讼已达成和解，且双方于 2003 年 12 月签订了一份许可协议，约定红帽公司有权在 5 年内分发某些蒙纳公司的商业字体。该许可花费了红帽公司 50 万美元。这并非一起对任何开源许可证进行维权的诉讼，而是一起关于专有软件侵权的诉讼（参见红帽公司 2004 年 2 月 29 日的 10-K 表格上的年报）。

4. 曼德勒诉暴雪公司案（2010 年）

本案并不涉及开源软件，但因其与雅各布森诉卡泽案可能有所矛盾而引人注目。本案涉及曼德勒（MDY）公司创造的 Glider，这是一个用于暴雪公司《魔兽世界》的“分级机器人”。曼德勒公司向客户出售该机器人副本的行为引起了暴雪公司的关注。暴雪公司在《魔兽世界》的使用条款中增加了一条禁止使用机器人的规定。本案是曼德勒公司提起的确认之诉，主张其使用该机器人的行为并没有侵害暴雪公司在《魔兽世界》软件中的版权。下级法院根据曼德勒公司客户使用该机器人的情况，判决曼德勒公司对其版权侵权的帮助侵权行为进行赔偿。美国联邦第九巡回上诉法院推翻了这一判决，指出违反机器人禁止条款的行为与版权没有足够的关联性，无法用以支持侵权诉讼请求。在该判决中，法院引用了相关的州法将该禁止条款解释为一种约定而非条件（相比之下，美国联邦巡回上诉法院在雅各布森一案中没有遵从州法，而是将该案视为一项知识产权诉讼请求）。

5. SAS 研究公司诉世界编程有限公司案（2010 年）

本案严格意义上来说并不涉及开源软件，但它涉及 API 是否可受版权保护的问题。皇家法院于 2010 年 7 月 23 日做出判决。SAS 研究公司是 SAS 系统

---

1 Steven Shankland “Linux Companies Settle Copyright Suit” ,C/Net News.com, October 13, 2003.

的开发商，用户可以通过该系统编写脚本来操作和分析统计信息。世界编程有限公司创建了一个名为“世界编程系统”的产品，该产品旨在通过相同的程序接口尽可能地模仿 SAS 系统的大部分功能。世界编程有限公司无法获取 SAS 系统的源代码。SAS 指控世界编程有限公司侵害了其接口和文档的版权。法院将版权法规定的程序接口的可保护性问题提交到欧洲法院，并指出“国家法院必须尽可能根据欧盟作为缔约国的相关国际协定（如《与贸易有关的知识产权协定》和《世界知识产权组织版权条约》）的措辞和宗旨解释欧洲和国内立法”。

因为自由软件基金会的立场（新软件与 GPL 软件的链接创造了原 GPL 软件的衍生作品）取决于依据 GPL 的作者基于版权法保护软件接口的能力，因此 API 的可版权性对于开源许可来说是一个潜在的重要问题。此外，许多开源软件项目（如 Linux）都是对专有软件的重新实现，这些软件都是通过其 API 反向设计的。

6. FFmpeg 商标纠纷案

FFmpeg 项目（一个非常流行的 MPEG 编解码器的开源实现）发布了一份关于涉及该项目标志的法律警告说明。FFmpeg 项目称（该帖子后来已被撤下），该威胁来自“一个 FFmpeg 的前任根管理员，其现在是 FFmpeg 的 Libav 分叉的根管理员”。该警告声称对斜线标志享有版权。FFmpeg 用一个采用不同阴影和轮廓来表示相同形状的新版本对其进行了替换。FFmpeg 发出了一封电子邮件，称原告并没有提出该原始形状，而仅是对其进行了特定渲染。这是一起普通的商标纠纷，与该项目的开源性质无关。

7. Novell/CPTN/Attachmate 反垄断问题

2010 年 11 月，Novell 宣布被 Attachmate 以 22 亿美元收购。合并后，Novell 保留了其 UNIX 的版权。Novell 单独将 882 项专利以 4.5 亿美元的价格出售给微软引领的技术财团 CPTN 控股公司。这笔交易引起了人们对该批专利出售是否对 Linux 构成威胁的争议。

然而，出售时，Novell 的专利显然已被 Linux 阻碍。Novell 是开放发明网络（OIN）的创始成员，这致使其专利受到 OIN 专利政策的约束。OIN 本质上是 Linux 的专利共享。正如 OIN 所广泛定义的，OIN 成员同意对其专利进行交叉许可以便覆盖 Linux。OIN 目前的许可协议通常规定，在控制权变更后，所有专利许可仍然有效，这也是此类许可的预期（不过，Novell 同意的可能是一个更早的版本）。

此外，Novell 公司此前还公开进行了专利承诺。

> Novell 将利用其专利组合来保护自己，防止他人针对 Linux 内核或 Novell 产品中的开源程序提起诉讼……如果发生针对 Novell 开源产品的专利诉讼，Novell 将采用与通常用来保护被诉专利侵权的专有软件产品相同的措施来应对。除其他事项外，Novell 将寻求通过以下方式解决该诉讼：确定可使该专利无效的现有技术；证明该产品不构成专利侵权；重新设计该产品以避免侵权；或向该专利权人寻求许可。

这被视为一份契约而不是许可。因此，并不清楚该承诺是否适用于 Attachmate，以及如果是的话，Attachmate 是否可以撤回。由于专利和公司的所有权不同，不清楚这些专利是否仍属于 Novell 公司的专利组合。另外，也不清楚该承诺是否会像许可那样继续对 CPTN 的权利构成限制，还是像契约那样随着转让而消失。

司法部对该交易进行了审查，随后发布了一份关于修改该 Novell 销售的新闻。司法部要求微软“向 Attachmate 回售微软本应收购的所有 Novell 专利”，微软只获得了一个许可。司法部还解除了向 EMC 出售的 33 项与虚拟化有关的专利和专利申请。司法部的新闻称，“Novell 的所有专利收购都要遵守第 2 版 GNU 通用公共许可证……和开放发明网络（OIN）许可”。鉴于 GPLv2.0 中没有明确的专利许可（可能指的是默示许可），目前还不清楚新闻稿中提到的 GPL 到底是什么意思，但该声明澄清了这些专利仍将受 OIN 许可条款的约束。司法部还表示，“CPTN 无权限制哪些专利（如果有的话）可以在 OIN 许可下使用”。这表明，CPTN 短期内无法做出 OIN 许可下可能的限制性选择。完整文件并没有公开，但作为《塔尼法案》（*Tunney Act*）

审批程序的一部分，在向法院提交和解书时可能可以获取该完整文件。《塔尼法案》是美国的一部反垄断法，其中要求政府和反垄断被告公开与和解过程有关的信息。

8. 分发（2010年）

2010年11月17日，英国高等法院在足球数据有限公司（Football Dataco Limited Co.）等诉体育雷达（Sportradar GmbH）股份有限公司等案中裁定，出于版权目的，通过在线传输方式向公众提供材料的行为发生地为传输发生地，而非材料接收地。

原告指控其名为“足球直播”包中的足球比赛直播数据流（如进球、进球者、点球、黄牌和红牌以及替补球员）被版权侵权。被告的业务是从公共资源中收集类似数据。被告的数据存储在德国和奥地利的网络服务器上，但可以通过链接从包括英国在内的其他地方进行访问。

被告抗辩称，侵权行为并没有发生在英国，因此英国法院并没有管辖权。法院认为，体育雷达公司在英国境内没有进行任何（版权相关）复制或（数据库权利相关）提取行为。

数据库权利受《数据库指令》第7条第2款（b）项管辖：“任何通过出租、在线或其他形式的传播向公众**提供**（making available）数据库全部或大部分内容的形式”[**着重号**系由原作者标明]。法院指出，基于本指令向公众提供数据库的行为发生地与1988年《版权、设计和专利法案》第20节下的提供相关。法院类比了根据《关于卫星广播和有线电视转播指令》（*Directive on Satellite Broadcasting and Cable Retransmission*）对来自欧盟内部的广播进行“广播”的先例。根据该指令，广播行为发生在信号在广播者的控制下被引入不间断的通信链中的地方，这被称作**发射理论**（**emission theory**）。

法院指出，“通过在线传输方式向公众提供数据的行为……仅在传输发生地实施。诚然，将数据放在一个国家的服务器上，可以使另一个国家的公众获得该数据，但这并不意味着提供数据的一方在接收国实施了通过传输提供数据的行为”。

这项决定对解释开源许可证的著佐权义务产生了间接影响。其影响在于，著佐权义务的触发是通过软件**提供**（making available）而非软件**分发**（distribution）。长期以来，开源许可中的一个猜测是在像 GPLv2.0 这样的许可证中，**分发**（distribution）是否可被解释为包含提供——前者主要是美国的法律概念，后者常见于欧洲。关于 SaaS 的使用是否构成**提供**（making available），目前还没有确定的法律——虽然这在美国不构成分发。那些提供代码但不分发代码（如通过 SaaS 产品）的人的困惑在于，如果该软件被在欧洲访问，那么他们是否会无意中触发了著佐权义务。现在，至少在英国，在该问题上似乎得到了一些缓解。

9. 阿杜伊诺案

阿杜伊诺（Arduino）是一个著名的推动设计用以与设备物理环境（如机器人或物理传感器）进行交互的设备开放硬件的项目。在 2014 年底提起的一个关于 Arduino 商标复审和上诉的案件中，阿杜伊诺有限责任公司（Arduino LLC）和阿杜伊诺股份责任有限公司（Arduino SRL）之间爆发了商标纠纷，随后于 2015 年 1 月又提起了一个诉讼。

阿杜伊诺有限责任公司是由一群颁布了开放软件和硬件设计的创始人于 2008 年注册成立的一个美国实体。基于这些设计的硬件设备是由智能项目（Smart Projects）公司 SRL 制造的，其为创始人之一组建的意大利实体。阿杜伊诺有限责任公司为想使用 Arduino 品牌的第三方制造商运行了一个认证项目。阿杜伊诺有限责任公司于 2009 年 4 月在美国提出商标申请，并于 2011 年获准注册。

智能项目公司于 2014 年 10 月向美国专利商标局（US Patent and Trademark Office，USPTO）提出申请，要求该局撤销阿杜伊诺有限责任公司的“Arduino”商标。智能项目公司随后将其公司更名为 Arduino SRL。作为回应，阿杜伊诺有限责任公司向美国马萨诸塞联邦地区法院对 Arduino SRL

提起商标侵权诉讼。2015 年 7 月，美国商标复审和上诉委员会（Trademark Trial and Appeal Board，TTAB）中止了该商标案件，以等待正在进行的民事诉讼结果。

10. WordPress 域名案

WordPress 开源软件项目的运营方——WordPress 基金会起诉 WordPress Helpers.com 域名的持有人，主张其构成商标侵权。2015 年 5 月，被告向美国商标复审和上诉委员会提起异议程序，对 WordPress 商标注册申请提出异议。9 月初，美国商标复审和上诉委员会的行政法官驳回了被告的缺席判决动议，并中止（异议）程序直至民事案件审理结束。随后双方于 2015 年 9 月 21 日达成庭外和解，被告同意停止使用任何 WordPress 商标并将域名转让给 WordPress 基金会。

11. 法院对基于知识共享许可协议的“商业”使用进行解释（2014 年）

德国一家上诉法院在 2014 年关于何为基于知识共享署名非商业使用 2.0 许可协议（CC-BY-NC）对许可照片进行“商业”使用的争议中判决，在德国广播电台（Deutschlandradio）网站上发布一张照片并不代表该协议目的的商业使用。

德国广播电台使用了基于 CC-BY-NC 许可协议许可的照片为其网站上的一篇报道配图。该摄影师在德国以该电台非法商业使用为由提起诉讼。

法院适用了该许可协议中“商业使用”的定义而非德国法律规定的“商业使用”的定义。这是因为，该协议意在在世界范围内使用，并且法院认为该案中的使用不构成 CC-BY-NC 许可协议所定义的商业使用。因此，该摄影师无权获得许可费。

然而，德国广播电台在该网站上使用照片时将该摄影师的名字裁剪掉了。法院认为，该行为违反了该许可协议条款，因此原告赢得了禁止被告以原图裁剪形式使用该照片的禁令。

12. 法院认可知识共享许可协议效力（2015 年）

在德劳格里斯诉卡帕地图集团案中[1]，地区法院确认，可以将基于知识共享署名相同方式共享 2.0 许可协议许可的照片用于商业目的。原告摄影师将其照片上传到 Flickr，并基于 CC-BY-SA 提供该照片。被告从原告的 Flickr 账户下载了该照片副本，并开始出版和销售以该照片为封面的当地地图集。虽然该地图集的封面上并没有任何该照片拍摄者的标识，但该地图集封底的文字却标识了该照片、原告和知识共享许可协议。封面上确实有被告的版权声明，原告对此提出质疑，称该声明会致使该照片被误认为被告自己的照片。

知识共享相同方式共享许可协议大致相当于软件的著佐权许可证。在本案中，争议焦点在于被告的使用是否因违反了归属要求而超出了该许可协议的范畴。法院认为，被告没有违反原告发布照片的许可协议条款，也没有超出该许可协议的范畴。法院还认为，被告在地图集封面上的版权声明与该封面上的照片没有"关联发布"，因此法院批准了被告的两项简易判决动议。

13. 阿特菲克斯软件公司诉 Hancom 公司案[2]

阿特菲克斯（Artifex）是 Ghostscript 的开发者和授权者，Ghostscript 是基于 GPL 和商业许可协议双重许可的一个流行 PDF 渲染库。阿特菲克斯对一家销售 Hancom Office（一套生产力软件）的韩国公司 Hancom 公司提起诉讼。Hancom 公司在没有遵守 GPL 条款的情况下将 Ghostscript 纳入了其文字处理软件产品中。

当事人在开庭前就该案达成和解，并未披露（和解）金额。但值得注意的是，本案中法院针对当事人的动议发表了若干声明。阿特菲克斯公司曾提起违约之诉及版权侵权之诉，在提出驳回动议中，法院拒绝驳回该违约之诉。Hancom 公司辩称，由于 GPL 是免费授予的，所以不需要赔偿，但法院对此并不认同，并指出，根据加利福尼亚州的合同法，"陪审团可以将商业许可的价值作为任何损害赔偿的判定依据"。法院还提出，不当得利是损害赔偿的潜在依据。

1　128 F. Supp.3d 46 (D.D.C. 2015).

2　Artifex Software, Inc. v. Hancom, Inc., U.S. Dist. 2017 WL 1477373 (N.D. Cal. Apr. 25, 2017).

14. 专利流氓

有一些非实施实体指控开源软件的诉讼。举例来说，这些诉讼包括：IP Innovation LLC 诉红帽公司案（2007 年 10 月 9 日提起诉讼，得克萨斯东区联邦地区法院）、Software Tree LLC 诉红帽公司案（2009 年 3 月 3 日提起诉讼，得克萨斯东区联邦地区法院），以及基岩计算机技术有限责任公司诉 Softlayer 技术公司案（2009 年 6 月 16 日提起诉讼，得克萨斯东区联邦地区法院）。这份清单并不够详尽，这些案件并非开源领域所独有，在得克萨斯东区联邦地区法院，软件专利流氓案件比比皆是。

声景创新（Sound View Innovations）公司曾经是非常活跃的专利流氓公司，该公司在 2016—2019 年针对使用 Hadoop 和 JQuery 等开源软件的公司提起了十几起诉讼。底层专利来自 AT&T 贝尔实验室和朗讯科技，并于 2013 年 12 月被声景公司从阿尔卡特—朗讯手中收购（这说明了 LOT 网络的一个许可宗旨：大多数专利流氓行为是由实施实体由于经营困难而被清算或在出售不良资产等情况下出售专利而导致的）。

2019 年，罗斯柴尔德专利影像公司起诉 Gnome 基金会专利侵权案，包括 OIN 在内的开源社区迅速驰援 Gnome 基金会，以寻找使涉案专利无效的现有技术。

声景公司案和罗斯柴尔德案之间的对比说明，起诉开源项目并非好的货币化策略：这些开源项目并没有多少钱，但却有很多有挑战专利动机的朋友，而且通常不会像私人被告那样达成和解。

19.5 角色介绍

开源诉讼与其他知识产权诉讼不同。将其作为普通的知识产权诉讼来对待，可能会导致被告方在战略层面上完全做错。

今天，开源原告主要有两类：开源倡导者和战略家。当然，自由软件一直有其热心倡导者——毕竟这是一场为了更大利益而发起的运动，其基础观点是，获取软件源代码应该是一种技术政治权利。在开源维权领域，最早提起的诉讼是由（开源）倡导者们提起的。这些努力带有明显的宣传痕迹，重点是让不法分子难堪并要求他们合规。这种战略意味着提起诉讼是最后的手段，大多数合规纠纷都以非正式方式解决而没有诉诸法律程序。虽然软件自由法律中心（SFLC）早期的维权行动有时包括赔偿金和解，但这些行动往往被描述为是为了抵消诉讼费用——这种描述是对的，因为与一般的知识产权纠纷相比，这些案件所涉金额微乎其微。与知识产权纠纷中惯常的做法相比，（开源诉讼）公开宣布的和解细节更多。

以下是这类原告的例子。

- **自由软件基金会（FSF）**。FSF 负责管理 GPL 和运营 GNU 项目。虽然最初参与违反 GPL 维权的是 FSF，但现在其大部分维权行动已由软件自由法律中心接管。
- **软件自由法律中心（SFLC）**。这是一个代表包括 FSF 在内的公益客户处理 GPL 维权和其他自由软件法律事务的法律倡导组织。如今，SFLC 开展的正式许可证维权相对较少。
- **gpl-violations.org**。如上所述，该组织已在欧洲进行了各种维权行动。
- **软件自由保护协会（SFC）**。该组织是如今最活跃的社区维权者。虽然该组织并未提起任何诉讼，但已提起了非正式的维权主张。SFC 代表着工具箱项目，该项目历来是大多数 GPL 维权诉讼的对象。如本章所述，SFC 还牵头并资助了黑尔维希对威睿提起的诉讼。
- 通过上述任何一种方式行动的个人作者。

1. SFC

在过去几年里，SFC 在 GPL 维权中发挥的作用越来越大。SFC 选择的管辖地是德国，事实上，许多开源原告似乎都倾向于德国，因为德国是个对原告友好的管辖地。这种现象并非开源诉讼所独有——有人称德国为“软知识产权诉讼的得克萨斯东区（联邦地区法院）”。

2015年，SFC新增了几个成员项目：QEMU，一个通用机器模拟器和虚拟器；Bro项目，一个网络流量分析框架和安全平台；Godot引擎，一个2D和3D跨平台游戏引擎。虽然这些项目的规模都相对较小，但SFC继续增加其成员项目名单，并且有可能的话，将最终参与这些项目的所有维权行动。然而，SFC的行动似乎比以前迟缓了。SFC参与黑尔维希诉威睿公司案非常不受科技行业欢迎，可能影响了其募资工作。

一定程度上，作为对麦克哈迪流氓案件的回应，SFC与FSF于2015年10月发布了一份名为“面向社区的GPL维权原则”的文件。这些指南旨在阐明代表社区采取的一致和共同的维权方式，而不是为了私人利益而进行的维权。该指南中列举的原则包括：将软件自由优先于其他所有辅助目标、仅将法律诉讼作为最后的手段、基于GPLv2.0的终止条款（GPLv2.0第4节）提供权利恢复的灵活性。

2. 战略诉讼

21世纪头十年出现了一种新型原告——战略型原告，他们与其他知识产权原告的目标大多相同，有时他们同时还是版权和专利原告。战略型原告是在雅各布森诉卡泽案的基础上发展起来的，以通过知识产权诉讼就其在开源软件中的权利进行维权。而和其他由战略型原告起诉的知识产权纠纷一样，这类纠纷往往是巨头之争。无论是通过延迟竞品发布、让竞争对手难堪，还是通过榨取资金来除掉竞争对手发展计划的资助，这类原告希望获得的是战略优势。但值得注意的是，这类原告想要的不仅仅是后续合规，还包括对过去侵权行为的赔偿或救济，和解往往更慢也更保密。

介于（开源）倡导者和战略家之间的是不隶属于某个倡导组织的个人作者。他们往往根本没有顾问——避免了（开源）倡导者的纯粹政治动机以及因此并不认同开源倡导者的目标。这些作者很少提出正式诉讼，他们可能会要求适度的许可费来授予一个无须遵守开源要求的替代许可（另一方面，开源倡导者通常会拒绝同意其他许可）。显然，这些人的主张是最好通过快速且保密的方式来处理。处理这类诉求的律师必须注意与无代理方互动的道德问题[1]，最好的建议是，保持讨论的直截了当和文档的简短。增加复杂的免责声明、赔偿和专利许可（条款）往往会适得其反。

这种作者依然有成为“版权流氓”的可能性。随着开源软件的日益普及，一些公司仍然没有足够的控制措施来避免对开源软件的无意使用，某段流行的代码很可能会成为“潜水艇”版权诉讼的对象。

19.6 统计数字

自从 20 世纪 90 年代末开始进行著佐权维权以来[2]，合规行动一直在稳步增长。由于大多数维权行动都是以非正式对话的形式开始的[3]，很难核实维权行动的数量及其在和解或损害赔偿方面收益的统计数字。

根据软件自由保护协会（SFC）执行董事布拉德利·库恩（Bradley Kuhn）的说法，2007 年 SFC 记录了 100 起违反 GPL 的行为，而到 2012 年，SFC 正在追查（或计划追查）的违反行为有 300 多起，且每周都有新的报告。由于著佐权倡导团体主要关注合规性并且只要求对法律工作和相关费用进行金钱赔偿，因此为这些行动支付的“损害赔偿”并不十分巨大。软件自由法律中心（SFLC）报告称，其 2010 财年的最高维权收入为 204 750 美元。SFC 作为一个（美国《国内税收法典》）第 501 节（c）款 3 项的非营利组织，向美国国税局提交 990 表格，且向纽约州提交 CHAR-500 表，并在网站上提供其备案信息。从这些备案文件来看，SFC 自 2012 年以来没有收到任何维权收入。

---

1 Of course, the ethical rule concerns represented parties (See ABA Model Rule 4.2). However, unrepresented parties can easily engage representation, so lawyers negotiating with unrepresented individuals should be sensitive to the potential need to avoid direct communication with a claimant.

2 See Bradley Kuhn “13 Years of Copyleft License Compliance: A Historical Perspective”, October 12, 2012.

3 Bradley Kuhn mentioned that “99.999% of GPL enforcement matters get resolved without a lawsuit” , February 1, 2012.

哈拉尔德·韦尔特（Harald Welte）和 gpl-violations.org 项目并没有公布这类数字（只在项目的内部请求跟踪系统中跟踪报告违反 GPL 的行为），但他们的法律档案中包含了讨论线程，每月至少会列出几个公开讨论的潜在违规行为。该项目于 2003 年启动后，"于 2006 年 6 月达到了神奇的'完成 100 个案件'的水平，并完成了令人激动的'100% 法律成功'的目标"。2008 年，该项目报告称："在过去的 30 个月里，gpl-violations.org 帮助揭露和谈判了 100 多起违反 GPL 的事件，并达成了许多庭外和解协议。"除了关于在德国和法国进行的法院案件的信息外，gpl-violations.org 声称，几乎在每一个发现违规行为并采取行动的例子中，维权都是成功的，其中包括与诸如富士通－西门子这样的大型供应商的庭外和解。该项目发布了一个专门针对源代码的单独常见问题（FAQ）页面，该页面"由 60 多个成功的 GPL 维权案例汇编而成"（遗憾的是，gpl-violations.org 网站已不复存在，但这些事实是 2011 年该网站仍在线时从该网站摘录的）。

许多潜在的开源用户询问，专有代码是否可能会因为 GPL 的"病毒"效应而被强制披露。[1] 因为大多数维权行动都集中在第三方 GPL 代码未包含许可声明或源代码的失误上，所以 GPL 的范畴问题，以及随之而来的发布包含专有代码的衍生作品的必要性问题，到目前为止还没有成为大多数维权行动的主题（关于例外情况，参见上文讨论的金诉国际象棋大学案和黑尔维希案）。

因为被诉违反 GPL 而最广为人知的源代码发布案件是 Cisco 在思科精睿争端早期做出的（19.2 节中有讨论）。布拉德利·库恩（Bradley Kuhn）在 1989 年将 NeXT Objective C 编译器称作对 GPL 的第一次违反。因此，NeXT 发布了该编译器的源代码。华硕后来回应了开源社区的要求，发布了对 Linux 内核的修改。[2]2013 年 8 月，在一名匿名黑客（一名 19 岁的欧洲大学生）将她声

1 In fact, this generally represents a misunderstanding of the nature of open source enforcement and the available remedies for violation of licenses. For more discussion, see Heather Meeker "Open Source and the Eradication of Viruses", March 19, 2013, Open Source Delivers.

2 Ryan Paul "Asus Resolves Eee GPL Violation, Releases asus_acpi code changes", Ars Technica.

称是三星在其 Android exFAT 功能中使用的 Linux 代码片段发布到 GitHub 后，三星进行了代码发布。[1] 虽然该黑客显然无权发布该代码，但三星还是主动与 SFC 合作发布了源代码。这些只是例子，而且难免是传闻。除非源代码发布是在违反著佐权许可证已广为人知的情况下进行的，否则在发布之前的专有源代码时往往不会大张旗鼓，而是悄然进行。许多企业都会定期自动发布其产品开源组件，因此发布源代码很少会显得异常或惹眼。

就像苹果在 2010 年对 GNU Go[2] 或 2011 年对 VLC Media Player 所做的那样，一些第三方代码分发商为回应有关第三方违反 GPL 的指控已决定将不合规产品从其虚拟货架下架。 这代表了一种通过 DMCA 通知和第三方下架来进行的根本没有反映出作者和侵权人之间对话的“隐性维权”。如果被控侵权人是一家小公司，那么将其产品从重要的分销店移除可能便是其业务的终结。与所有 DMCA 的移除请求一样，分销商并没有解决是非曲直纠纷的直接法律义务，因此，调查和分析程度由该分销商自行决定。

19.7　如果收到权利主张，您该如何处理？

最佳做法包括立即并首先评估您所面对的原告类型。开源倡导者们主要是想要合规，并倾向于容忍擦边行为（通常被认为是 GPL 合规性的非正式权威的布拉德利・库恩讨论过该问题）。一个真诚、及时且健全的合规计划通常会满足其要求。但是，除了典型的痛苦的知识产权诉讼过程外，战略型原告可能会将您卷入一个复杂而不确定的开源法律世界中。

在您收到一份开源权利主张时，迅速采取行动至关重要。这听起来很简单，但可能会出乎意料的难，因为并非所有开源权利主张都是通过正规渠道提出的。公司应该培训其工程和支持人员识别投诉并认真对待。投诉往往以电子邮件的

1　See “Busted for Dodging Linux License, Samsung Makes Nice with Free Code” , Wired, August 20, 2013.

2　See, for example, Brett Smith “GPL Enforcement in Apple’s App Store”, May 25, 2010.

形式发送给通常代表公司在软件开发界形象的技术员工那儿。权利主张者可能不知道公司有诸如送达程序这样公认的正式投诉方式。相比之下，传统的知识产权投诉通常会送到一个法务或管理代表那儿，他们很容易将此类投诉看成法律主张；或者通过正式投诉。此外，应培训技术员工使其对根据 GPL 等著佐权许可证提出的任何源代码请求做出快速反应。如果该请求没有得到及时回应，或者该公司要求付费来解决，那么正式的开源诉讼可能很快就会随之而来。当然，只有下游接收者才有权提出这样的请求，且只有上游的作者才有权利提出法律诉求（像 GPL 这样的许可证条件只适用于下游。接收者不是 GPL 的第三方受益人，持有 GPL 不是合同立场的人会说，在附条件许可中不可能有第三方受益人）。所以，事实上，这些都不是侵权主张。但是，获取源代码的要求无法得以满足的接收者往往会向那些有权提起诉讼的人或倡导组织投诉，由他们代为处理该事件。

事实上，开源倡导者的主张是最容易处理的。开源倡导者的目标和行动是可以预测的。重点首先是合规和归属，其次才是损害赔偿。禁令通常根本不在考虑之列。这种做法与战略家的做法形成了鲜明对比，战略家一般更倾向于禁令和损害赔偿而不是合规，因为这种裁决有助于他们实现扰乱竞品市场的目标。

战略型原告也可能提出多项诉求，其中只有一项为版权侵权。美国联邦巡回上诉法院在甲骨文美国公司诉谷歌公司案中两次推翻被告的胜诉结果，导致了一种在版权主张中加入专利主张的常见诉讼策略，以使上诉的管辖向对知识产权原告友好的法院倾斜。作为底线，任何涉及开源许可的诉讼都可能触及新的法律问题，并引起媒体和自由软件社区的高度关注。

19.8 最佳实践

综上所述，以下是关于开源诉讼和纠纷的几点注意事项。

- 认真对待开源权利主张，即便是对待非正式的或没有代表的当事方提出的权利主张。培训您的技术人员识别出权利主张。
- 如果您收到权利主张，要及时采取行动。您对开源倡导者（对您的实践进行正式或非正式的投诉）置之不理的做法并非有效策略。
- 不要像对待其他知识产权主张一样对待开源权利主张。相较于其他知识产权纠纷，大多数开源纠纷可以更快、更经济地得以解决。

1. 维权障碍[1]

在 GPL 在法庭上维权之前，各种评论家提出了许多维权障碍，其中大部分已被否定。在对 IBM 的诉讼中，SCO 主张 GPL 违反了美国宪法。[2] 后来的一个诉讼中则主张 GPL 违反了反垄断法。[3] 许多人说，许可证是不可维权的，因为它从来没有在法庭上得以检验——这是一种孤陋寡闻的论点，幸而现在很少听到了。持此观点的人可能没有考虑到这与事先要求法院认为合同可维权的基本法律原则的矛盾有多深——该条一下子便消灭了合同自由。合同订立的抗辩虽然可能会继续存在，但对于没有其他方式行使分发权的潜在被许可方并没有什么战略吸引力（见第 6 章）。不出所料，这些论点在实际诉讼中都没有获得成功。

然而，一些维权障碍值得考虑。这并不是说人们不应就开源许可证进行维权，事实上，人们可以快速且高效地就开源许可证进行维权。但是，您在选择发送要求函或提起诉讼之前，应该确保这些潜在的防御措施无一遗漏。

2. 不要进行知识产权自杀

如果您要提出不合规的主张，请确保不要搬起石头砸自己的脚。您在提起一项权利主张前，应该确保自身的开源合规性，至少要做到没有侵犯拟诉被告

1　For an excellent article on the topic, see Jason Wacha " Taking the Case: Is the GPL Enforceable?" . Wacha's article discusses the enforcement challenges typically cited in the 2000s.

2　Open Letter on Copyrights, Daryl McBride, The SCO Group Inc., December 4, 2003.

3　Order dismissing Wallace v. Free Software Foundation, Inc. (S. Dist. Ind., October 28, 2005).

权利的程度。

这一经验法则的反例包括雅各布森诉卡泽案（在第 14 章中讨论过）和 Versata/Ameriprise/Ximpleware 案（现已和解并被驳回）。

3. 合作作者、资格和参与方

开源是一种协作开发模式。许多开源项目强调，其目标是基于众多贡献者的工作创造出一个统一的、具有凝聚力的作品。但是，组成该软件的受版权保护的作品的作者是谁呢？

在美国，可将合作完成一部作品的作者视为合作作者。合作作者在时间或空间上不必连在一起。[1] 版权法规定，当两个作者在创作作品时都有“其贡献合并成一个不可分割或相互依存的统一整体的部分”的意图时，就产生了合作作品。美国联邦第二巡回上诉法院指出：“当一个统一体的各个部分单独存在时几乎没有或毫无独立意义时，它们就是‘不可分割’的……相比之下，当一个统一体的各个部分单独存在时具有某种意义，但由于其共同作用而实现其主要意义时，它们就是‘相互依存’的。”[2] 一部作品是否为合作作品，可能取决于各作者的意图。尼默（Nimmer）认为，“区别在于每个贡献作者在撰写作品时的意图。如果他在撰写作品时‘打算将其作品……合并为一个统一体中不可分割或相互依存的部分’，那么其贡献与他人的贡献合并形成了合作作品。如果这种意图仅是在其贡献与他人贡献的作品完成之后才产生的，那么该合并结果就是衍生作品或集合作品”。[3] 在个人作者是否需要贡献受版权保护的表达方式还是仅贡献思想就足够这一问题上存在分歧。[4] 开源项目的贡献者可能会发现，很难就其作品不是合作作品进行辩解。

共同拥有作品的默认规则是，每个作者都有权不受限制地使用该作品，但

1 See for example, Edward B. Marks Music Corp. v. Jerry Vogel Music Co., 140 F.2d 267 (2d Cir. 1944).

2 Childress v. Taylor, 945 F.2d 500, 505 (2nd Cir. 1991).

3 Nimmer on Copyright Section 6.05 (2005).

4 Ashton–Tate Corp. v. Ross, 916 F.2d 516 (9th Cir. 1990).

须遵守向其他作者说明的默认法律义务。[1]显然，这种规则是为适用于诸如书籍、音乐和音像作品等作品而制定的，并不旨在解决像 GitHub、Wikis 等现代技术所产生的这种大规模合作。

由于所有作者都可以据其喜好授予任何非排他性许可，如果一个作者提起版权侵权之诉，法院通常会要求所有作者作为诉讼当事人加入。根据《美国法典》第 17 卷第 501 节（b）款的规定，法院“可以要求任何享有或主张享有版权利益的人加入诉讼，并应允许他们参加诉讼”。否则，被告将能够声称其从非当事人的作者之一获得了合法许可。

此外，根据美国的法律，只有作者或版权所有人才有资格提起侵权诉讼。虽然任何作者都可以就其认为是自己作品的项目部分的侵权行为提起诉讼，但如果根据衡平法要求，法院会要求被侵权材料的主要所有权人加入所有旨在就该作品权利维权的案件中。法院有要求合并诉讼或独立诉讼的自由裁量权。[2]

近年来，由于某些开源法律专家建议将合作作者作为应对开源流氓的一种救济措施，这些问题出现的风险有所增加。[3]

1 Oddo v. Ries, 743 F.2d 630 (9th Cir.1984).

2 Edward B. Marks Music Corp. v. Jerry Vogel Music Co., 140 F.2d 268 (2d Cir. 1944) held that co-owners were not indispensable parties; for the opposite view, see Key West Hand Fabrics v. Serbin, Inc., 244 F. Supp. 287 (S.D.Fla. 1965). Case law on the subject is scant.

3 Chestek, Pamela S, A Theory of Joint Authorship for Free and Open Source Software Projects (July 2, 2017).

第 20 章

开放标准和开源

关于开放标准的文章已经写了很多，有时开放标准会与开源软件许可相混淆。开源许可是软件特有的一种模式；**开放标准（open standards）**则是一个比较笼统的术语，并没有一个公认的定义。然而，开放标准大多指的是在下述情况下建立的标准，即没有已知专利权利要求或任何专利权利要求，都将在免许可费和无歧视的基础上被许可的共识。

20.1 什么是标准？

标准是一个行业中许多人同意使用的，用以最大限度地提高产品的互操作性和促进商业发展的规范。考虑一下螺母和螺栓这个典型的例子。几百年前，每对螺母和螺栓都有自己的螺纹模式。随着时间的推移，螺母和螺栓被大量生产和标准化，因此所有的螺母和螺栓都生产成了特定的螺纹配置，人们可以购买这些规格的螺母和螺栓，并知道它们可以一起使用。

尤其是在美国，标准化主要是通过共识进行的。因此，一个行业有可能缺乏标准化的临界量。此外，还可能出现竞争性标准——如 VHS 和 Betamax 之争。缺乏标准化使消费者和生产者购买产品时态度谨慎，从而导致了经济活动的减少。

像 IEEE 和 W3C 这样的标准制定组织（SSO）旨在促进标准的有序发展。如果业界人士决定制定一项标准，通常会在 SSO 的支持下成立一个工作组。

该工作组（working group）成员会讨论该标准的内容。工作组成员并不总是能够达成一致，但当其达成一致时，该标准就会被采纳并发布。为明确哪些专利涵盖该标准，SSO 通常有所有成员在加入工作组之前就必须同意的知识产权政策。显然，可能并非所有专利权人都会参加该工作组，如果发生这种情况，该标准虽然可能会被创建和采用，但可能会因第三方专利主张而受阻。最理想的情况是，所有重要的专利权人都参加该工作组并同意将其专利许可给那些希望实施该标准的人。

除此以外，规则的差异会很大。有些标准有许可费，但按**合理无歧视**（Reasonable and Nondiscriminary，RAND）条款许可。有些标准虽然按 RAND 条款许可但不收取许可费，有时也称作 RAND-z。有时，标准的目的是免专利许可费，这通常是通过工作组小心翼翼地避免在规范中列入任何可能落入专利权利要求范畴的内容来实现的。

RAND 许可受欢迎的一个原因在于它可以转移反垄断责任。RAND 意味着没有人可以被排除在标准实施之外，尽管可以根据数量、使用场景等调整许可费，但必须向每个人提供许可[1]。如果标准是由政府规定的，则 RAND 可以是强制性的，但相较于欧洲，这种情况在美国则更为常见。

每个 SSO 都有自己的标准必要专利许可规则。例如，IEEE 要求 RAND 许可，W3C 要求 RAND-z 许可，IETF 要求 RAND 许可。

20.2　标准和开源

开源软件可以成为标准采用的重要工具。开源软件（特别是基于宽松许可证提供的开源软件）降低了使用和改编参考软件的许可障碍，能促进广泛采用。

1 The Department of Justice Guidelines generally consider intellectual property licensing to be pro-competitive. See Antitrust Guidelines for the Licensing of Intellectual Property, April 6, 1995, Department of Justice. However, license arrangements can stray into the prohibited area of horizontal output restraints or price fixing. Famously, Rambus Inc. was subjected to a protracted legal battle over the failure to disclose intellectual property related to a standard in the course of a standards development process.

但很明显，如果开源软件实施的是收费标准，尽管基于开源许可证免征版权许可费，但用户在使用该软件时仍将面临专利侵权的风险。

虽然开源许可证对专利进行授权，但它们只授予该软件作者所持有的专利权。该软件可能可以实现第三方拥有的专利所含发明，事实上，这种情况很常见。在实施标准时，这种情况几乎肯定会出现。

例如，FFmpeg 是一种非常流行的开源视听编解码器，它对以各种标准格式存储的数据文件进行编码和解码。FFmpeg 采用开源许可证，但覆盖某些 MPEG 标准的专利却由他人持有。任何寻求使用 FFmpeg 软件的人不仅要考虑需要遵守管理其使用的开源许可证，而且还要考虑需要获取单独的专利许可或者一定要承担专利侵权主张的风险。这便是开源软件许可和非免费标准如何发生冲突的一个例子。

20.3 不同的规则

标准许可已经存在了很长时间，虽然标准许可可能很复杂，但对于那些在开源环境外处理专利问题的人而言，却是既定且熟悉的领域。所以在某种程度上，对许多公司而言，相较于开源许可，更容易适应标准许可。当两者相互作用时，可能会导致文化和技能组合的冲突。标准许可主要是专利律师的职权范围，而开源许可则更为公司律师和商务人士所熟知。

二者在某些方面是相似的。开源许可创造了一种专利**公共地（commons）**来实现软件版权，而标准许可也创造了一种专利公共地来实现标准。但除此之外，二者差异很大。[1]

首先，二者界限不同。一个标准通常是用一个被称作规范的受版权保护的

1 For in–depth information on standards and the implementation of the intellectual property rules of standards bodies, see Jorge L. Contreras (Ed.), Technical Standards Patent Policy Manual, American Bar Association Publishing (2007).

文件来表达的，但一般来说，该版权并不是该文件有价值的部分。更重要的权利是覆盖该标准的那些专利权。这些专利有时被称作**标准必要专利**（Standards Essential Patents，SEPs），而这些专利的权利要求通常被称作**必要权利要求**（necessary claims）。这些许可的权利要求是实现该标准所必需的。

相比之下，开源许可证则以其所涵盖的软件为边界。当开源许可证包含专利许可授权时，经常使用**必要的专利权利要求**（essential patent claims）等类似术语。但要判断开源软件是否实现了一件专利，要比确定一件专利是否是实现一个标准所必需的更加容易。这是因为，标准描述的是一种并没有实现或实例化的技术解决方案。一个标准可以有很多实现，而软件是一个单一作品。

这些规则也大不相同。标准许可往往只延及那些完全按照所采用的标准实施且充分实施的人。开源许可对其许可主题的修改没有任何限制。但值得注意的是，这两种模式中的专利许可均未延及至下游修改。区别在于，开源许可鼓励分叉，而标准许可鼓励统一。

此外，开源许可证并不要求被许可方回授自己的专利权，也不要求被许可方同意标准许可中时有出现的其他各种条款。标准许可没有一套标准条款，在 RAND 或 RAND-z 许可中，每个许可方都可以提供一套自己的条款。在 RAND 专利许可中，许可方有时会联合起来进行“一站式购物”，如 MPEG-LA 的情况，但这是例外而非常规情况。

第 21 章

开放硬件和数据

随着**开放**（open）理念的成熟，有人试图将著佐权模式扩展到软件范畴之外。其中有一些效果良好：知识共享组织巧妙地将著佐权许可（或用知识共享组织的行话来说，即相同方式共享，“ShareAlike”）应用于像音乐、文本和音像作品这样的非软件版权作品。然而，在可受版权保护的作品场景之外应用著佐权许可的尝试大多令人失望。这并不是尝试者的错，超出版权的做法使著佐权许可少了一个支柱，而没了这一支柱的许可就会在知识产权僵局中漂流。

对于可受版权保护的作品，保护的门槛比通常体现于作品中的创造和表达的程度更低。例如，任何超过几行代码的软件程序都可能符合版权保护的要求。其他知识产权客体（如可申请专利的发明和数据权利）则不享有这种程度的保护。在将著佐权应用于硬件时，有一个门槛问题，即该许可证著佐权条件的对价是什么。对于软件而言，行使版权权利的代价就是遵守该著佐权条件。任何试图规避该著佐权条件的被许可方都会进退两难。如果想分发软件，就需要有版权许可才行。没有许可，就意味着没有权利。

将其转化到硬件上至少有两方面的困难：一是建立一个执行著佐权条件的权利门槛；二是确定复制该设计所必需的材料。

大多数硬件的设计都体现于规范或设计文档中。那些硬件制造者对分发产品的规范副本并不太感兴趣。仅“使用”规范，即阅读规范并按照其说明进行操作，并不是受版权规制的活动。即便制造商因复制或分发规范而侵犯了该规范中的版权，这么做的损失可能也微不足道。思想不受版权保护。行使规范中的版权权益所造成的损害赔偿，必须从由规范构成的创作作品的价值中产生，而不是从制造该产品的价值中产生。此外，规范的版权保护可能很薄弱，甚至不存在。版权不保护事实。例如，由数字表组成的规范可能根本不受保护。因此，如果一项许可称“只要您分享您对该规范的修改，我将授予您使用该规范版权的权利”，被许可方很可能认为没有什么权利可授予，而拒绝遵守该条件，并承担许可方无法就该条件进行维权的预期风险。

此外，还有一个问题，就是著佐权要求被许可方公开什么。在 GPL 这样的许可证中，主要的著佐权条件是提供该软件的源代码。GPLv3.0 将程序的源代码定义为“可用于修改本作品的首选形式”。虽然理性的人可能会对**源代码（source code）**的含义有不同的看法，但从根本上说，源代码是指通过正确的编译器和构建器运行时，产生分发目标代码的代码。但什么是硬件的“源代码”呢？要知道如何制造硬件，至少需要一个产品设计或规范。但此处的“源代码”可能是针对技术特定的。制造半导体所必需的技术，与制造电视、手机或刀片服务器所必需的技术是不同的。使用像“制造产品所必需的设计”这么笼统的定义过于宽泛和模糊，因为其实际可能需要昂贵且产品制造商甚至都不需要自己制造的产品部件或商品部件的工艺技术。

最后，对于软件而言，确定什么是受许可证的著佐权条款约束的**衍生作品（derivative work）**或修改作品已经很难了；对于硬件而言，更是难上加难。衍生作品的概念仅限于可受版权保护的创作作品。下游被许可方对产品的修改可能与规范的变化对应，也可能不对应。这些修改可能作为对该规范的修改而受到版权法的单独保护，也可能作为新发明而受到专利法的保护。如果这些修改作为新发明，则可能是对原始设计或附加功能的修改，难以对二者进行区分。进行修改的下游被许可方可能有权进行这种修改或也可能无权向他人进行许可。

基于这些原因，通过依靠版权的实践来构建硬件许可是存在风险的。当然，从根本上说，保护硬件是专利而非版权的力量。“开放硬件”真正需要的是强制许可专利。有些许可将规范中的权利实施作为条件来要求许可专利。但即使是这种观念，也很容易被攻击，觉得该规范一开始就不受保护，要么是因为该规范不受版权保护，要么是因为该规范的创作者没有专利权可以授予。

有一种由来已久的方式可以建立硬件专利公共地，但它是标准许可而不是开源许可。然而，标准许可通常不是一种“开放”模式，当然也不是著佐权许可那种自我执行的合作开发模式。标准许可是自上而下的许可，权利从规范的作者向下流向该规范的实施者。因为传统的标准许可本意并不鼓励对标准进行修改，因此标准许可不考虑下游对该规范修改的许可。事实上，在标准许可中，通常不会允许对标准进行任何修改。一些标准许可要求被许可方承诺不对产品进行与标准不一致的修改。

因此，开放硬件许可似乎注定要游走于标准许可和开源许可之间。虽然目前还没有任何一个著佐权硬件许可证获得显著的关注，但现在还处于早期，随着时间的推移，这种模式可能会得到良好的发展和完善。

21.1 开放数据

著佐权开放数据许可的情况也没有多好。开放数据共享开放数据库许可证（Open Data Commons Open Database License，ODbL）就是一个典型的例子。ODbL 适用于开放街道地图（一个非常流行的地图信息数据库），而被许可方发现很难将“衍生数据库”和新的独立数据库或集合数据库（collective database）区分开来。这种问题是所有著佐权许可证所特有的，但对于未被广泛采用的许可证而言尤其困难。GPL 的范畴是经过多年的行业实践才确定下来的，而与 GPL 不同的是，ODbL 并未被广泛使用。

但部分困难在于基础法律不明确。在美国，版权法对数据库的保护非常有限。在开创性的菲斯特（Feist）案[1]之后，法律认为，只要不对数据进行整体

1 Feist Pubs., Inc. v. Rural Tel. Svc. Co., Inc., 499 US 340 (1991).

复制，则这种保护很容易规避。欧盟在数据库保护方面有一部更为具体的法律——欧洲议会和理事会 1996 年 3 月 11 日颁布的关于数据库法律保护的第 96/9/EC 号令，但该法律几乎没有得到法院的解释。这两种法律制度在说明对数据库的哪种改动或增补可能是衍生作品而非新作品上，都没有提供多少有助益的指导。

21.2 宽松许可

将著佐权适用于硬件和数据许可的难题当然同样不适用于宽松许可。即便是宽松许可，也面临对价的问题，因为适用许可或归属声明要求取决于权利授予。即便如此，仅将数据库和硬件规范置于公有领域，并通过许可以外的方式促进合作和共享，仍值得诸多称道。只要不是单个数据库或规范需要几十个或几百个归属要求，则归属要求看起来可能也无伤大雅。[1]

21.3 示例

以下许可证试图解决在非软件领域实施著佐权的问题，但均未被广泛采用。

- CERN 开放硬件许可证（www.ohwr.org/projects/cernohl/wiki）。
- TAPR 开放硬件许可证（www.tapr.org/ohl.html）。
- 开放计算项目硬件许可（www.opencompute.org/blog/request-for-comment-ocp-hardware-license-agreement）。
- Tidepool 开放访问健康数据软件许可证（developer.tidepool.io/tidepool-license）。
- 开放数据共享开放数据库许可证（opendatacommons.org/licenses/odbl）。

1 感谢路易斯·维拉（Luis Villa）指出的说明归属错误的宝贵示例。

第 22 章

最近的发展：商业开源、源代码可用许可和道德许可

2018 年是商业开源的分水岭。在这一年里，商业开源公司发生了许多大规模的“退出”事件——IPO 或企业出售。与此同时，一连串商业公司将其商业模式迁移到一种被称为“开放核心”的混合模式。虽然这些都不是什么新生事物，但这些趋势在 2018 年达到了改变软件商业格局的临界点。第一个是商业趋势，第二个是许可趋势，两者相辅相成。

22.1 值得关注的交易 [1]

2017—2018 年发生了以下一连串交易。

- MongoDB 以 16 亿美元的估值上市；
- Salesforce 以 65 亿美元收购 Mulesoft 公司；
- Pivotal 以 40 亿美元的估值上市；
- 微软以 75 亿美元收购 GitHub；
- IBM 以 340 亿美元收购红帽；

1 For updated information, see the Commercial Open Source Software Company Index (COSSCI) maintained by Joseph Jacks. The numbers above are as reported, some are not official, and some are approximate. IPO valuations are typically imputed shortly after the initial offering, and do not usually equal the funds raised by the company.

- Elastic 以 50 亿美元的估值上市；
- 威睿以 5 亿美元收购 Heptio。

这些交易表明，商业开源公司是可以获得巨大盈利的。这些交易还引出了开源开发与私人资本之间的关系以及成为一家商业开源公司究竟意味着什么等问题。

许多开源倡导者认为，私人资本不应用于开源软件开发。事实上，包括 Firefox(Netscape)、Java(太阳公司)、REACT(Facebook)、Redis(Linkedin) 和 Kubernetes(谷歌公司)在内的许多流行开源项目都是私人开发的衍生产品。但开源倡导者们仍然认为，私营公司并不是开源开发的合适管理者，它们的模式更像大教堂而非集市。其他人则认为，私人资本是资助开源开发的有力工具，尤其是在开源项目的可持续性受到质疑时。虽然像 Linux 和 Kubernetes 这样的巨型项目拥有充足的开发资源，但许多项目却苦于资源匮乏且“爹不亲娘不爱”的运作方式致使其变得陈旧甚至不安全。这是一个如果没有明确的解决方案无疑会一直持续下去的哲学争议。

但这就引出了一个问题：到底什么是商业开源公司呢？例如，尽管所有孕育出上述热门项目的公司都为开源开发做出了巨大贡献，但都不会被视作开源公司。区别并不在于许可，而在于公司理念和目标的性质。换言之，只有在“如果该核心 OSS 项目不存在，公司便不存在”的情况下，一家公司才是开源公司。上述著名交易中提到的所有公司都回答了这个定义。但所有这些公司也都有着在其业务核心超出开源软件范畴时为其客户提供价值的商业模式。

22.2 您的剃须刀片是什么颜色的?

很多人都想知道，如何才有可能做到业务以开源软件为中心。如今更好的问题也许在于，如何才能做到业务不以开源软件为中心。开源软件就像一种公共产品，而公共产品可以增强业务活动。经营开源业务的诀窍，其实也是一个繁荣社会运行的诀窍，就是设置一个免费公共的和专有的事物组合体。像道路就是免费商品，而桥梁则是专有商品。按照古典经济学理论分析，所有的道路都应该是私人收费道路，只向使用道路的人收费，才不会使得这些道路因为公共地悲剧而衰败。但这种分析忽略了两点：第一，人们讨厌收费公路，很大程度上是因为支付通行费的行为造成了极大的不便（从经济学角度讲，是一种交易成本）；第二，收费公路阻碍了人员和货物流动，会导致宏观经济活动的减少。如果所有东西都是免费商品，就会造成人们过度使用，而不为其维护进行贡献，但如果所有东西都是专有商品，那么创新几无可能。同样，运营一项开源业务，就是要把开源软件开发和私有价值获取设置为恰当的组合。

从事开源业务的私营公司，通常无法从开源软件许可上做文章。但有一些商业模式对开源开发的货币化很有效。在金·C. 吉列（King C. Gillette）著名的商业策略中，公司可以通过廉价销售一款产品（如剃须刀）来建立消费者群体，并销售其一次性配件（如剃须刀片）获利。在著名的《**你的降落伞是什么颜色？**》（***What Color is Your Parachute？***）一书中，作者要求求职者用具体方式想象实现下一个目标的手段。对于开源业务而言，一个具体而清晰的商业模式是必不可少的。这是一个项目和一项业务的区别。

- **支持和维护**。最明显的模式是支持和维护。该模式在小规模上运作得相当好（如把一个开源项目变成其开发者的全职工作）。然而，该模式很难扩大规模。服务业务因为严重依赖人力资源，利润之低众所周知。红帽公司是证明这一规则的例外，红帽公司维护着世界上最流行的Linux发行版。红帽公司不出售许可，但即便是其服务收入，也严重依赖其品牌所代表的质量控制。相应地，红帽公司保持着强有力的商标政策。传统观点是，只有一个红帽，它开启了世界上最成功的开源项目——Linux，并形成了巨大的经济规模。
- **双重许可**。多年前，一家名为 MySQL AB 的公司（现为甲骨文公司所有）开创了一种名为“双重许可”的业务模式。该数据库软件是基于GPL 提供的（实际上，这是 GPL 的一个变体，叫作 GPL+FLOSS 例外，但这对在分布式专有应用中使用软件的商业场景没有任何区别）。因此，那些在专有应用程序中使用该软件的人，如果没有替代许可，就不能分发该软件。这种“销售例外”的做法最初得到了理查德·斯托曼的支持，但他后来并不看好该做法。无论如何，当软件向云计算发展时，这种做法就不再是一种成功的业务模式了，软件向云计算发展意味着遵守GPL更加容易，只需提供专有应用程序作为SaaS即可，而无须提供发行版产品。虽然双重许可的业务模式并没有完全消失，但其在流行了5～10年后便逐渐衰退了。双重许可几乎总是用GPL或AGPL部署，因为这些许可证为寻求替代许可的专有许可方提供了最有力的激励。

- **开放核心**。开放核心模式是分布式软件最成功的开源业务模式。这种模式使用了不同的软件“桶”：一个通常以宽松许可证授权并通常与一个强大社区一起开发的开放核心，以及其他一两个以可获取源代码或二进制许可证授权的桶。该核心在由企业维护的情况下（相比之下，请注意Confluent，它是围绕Kafka的开放核心建立的，这是一个Apache基金会项目），该开放核心可以称作社区版，再加上一些附加功能就形成了企业版。这种模式有时被称作免费增值模式（Freemium），但并不完全一样。免费增值模式更类似于理查德·斯托曼所说的“残废软件（crippleware）”——没有专有元素就无法完全发挥作用的软件。开放核心模式的开放核心是功能齐全的软件，但却往往缺失了大型企业大规模部署的附加功能。
- **滞后（Embargo）**。在这种模式下，软件首先以专有许可协议发布，然后才以开源许可证发布。付费客户可以提前获得最新功能。这种模式对消费电子产品的软件特别有效，因为在此情况下，软件上市时间至关重要且护栏（stakes）很高。在某种程度上，这种模式是可以在MariaDB商业源代码许可证中自我实现的。
- **SaaS**。该模式历来对面向中小型企业或个人的软件效果良好。在该模式中，软件是基于开源许可证提供的，公司出售包括对该软件操作实例访问在内的服务。Wordpress.com 便是一个很好的例子，它向免费和付费用户均提供基于 WordPress 的网站。

- **微件糖衣（Widget Frosting）**。一些公司发布开源软件，以促进与像硬件设备（如专用计算机或消费电子产品）这样的创收产品之间相辅相成的销售。当制造商停用其设备时，这些设备的驱动软件便可能会过时，该模式有助于延长该设备的功能寿命。

22.3 新一轮的源代码可用许可

2018 年是开源软件业务的分水岭。这一年见证了大约十几起重要收购案和 IPO，如果曾被质疑过，这一年也证明了开源是商业的强大基础。但是，许多最成功的商业开源公司开始抱怨“露天开采”——云服务提供商出售软件的使用权，对其进行改进后保持私有而不贡献回原项目，也不与开发该软件的公司开展业务。这就使这些公司处于为某些世界上最大和最有利可图的公司无偿开发和维修车间的艰难地位。

大多数正在经历这种压力的公司都采用了开放核心模式，且几乎都集中在对大规模企业运算业务特别有用的数据库部门或类似的“中间件”软件市场中。这些公司的反应是将他们的部分开源代码转为提供源代码、允许修改和再分发的许可，并以与开源许可证无摩擦但施加了许可条件的方式部署。由于许可条件违反了开源定义，所以这些许可并非开源许可证，但又没有一个标准术语来说明它们是什么，也许是**源代码可用**（source available）许可证或**有限源代码**许可证。

从某种程度上而言，有限源代码许可证只是专有许可的一个种类，因此并不新鲜。但是，也许因为实施这些许可的公司是一些商业开源企业，所以这一趋势引发了巨大的争议，至少有一位评论家预言它“将毁掉开源”——这一关于开源灭亡的死亡谣言过于夸张。因为没有基于该目的的标准许可证，所以每家公司都建立了一个自定义许可证（最著名的是 Redis 源代码可用许可证、Confluent 社区许可证和 Elastic 许可证）。

对这一趋势以及由此产生的许可证的全面解释，超出了一本关于开源许可证图书的范畴。然而，这种趋势在一定程度上导致了一套名为 PolyForm 许可证的产生，这是一套任何人都可以免费使用的有限源代码许可证。

22.4　善而非恶：伦理许可的崛起

道德或伦理许可在某种程度上是源代码可用许可的另一面。这类许可的前身是 JavaScript 对象符号（JavaScript Object Notation，JSON）的“善而非恶”许可证，JSON 是一种广泛用于在服务器和网页之间存储和传输数据的格式，其表述如下。

> 兹授权，任何获得本软件和相关文档文件（“软件”）副本的人可免费且不受限制地使用本软件的授权，包括但不限于使用、复制、修改、合并、出版、分发、再许可和/或销售本软件副本的权利，允许接受本软件的人须以遵循如下条件为前提：本软件的所有副本或主要部分应包含上述版权声明和本许可声明。应基于善意而非恶意使用本软件。

除最后一行“应基于善意而非恶意使用本软件”外，该许可证是一个传统的 MIT 类型的许可证。人们普遍认为，该许可证的最后一行违反了开源的定义。自由软件基金会（FSF）的页面“各种许可证及其评论”对 JSON 许可证评论如下：

“这是对使用的限制，因此与自由 0 项相冲突。可能无法就该限制进行维权，但我们不能这么推定。”

FSF 的评论代表了对道德许可证的普遍看法。它们是开源许可证叠加了一些旨在根据许可方的政治信仰改变被许可方行为的限制或条件。自由 0 项是自由软件许可证最重要的特征，即“基于任何目的，按照您的意愿运行本程序的自由”。其在开源定义中的类比跨越了定义中的一些要素，如“不歧视任何领域”。

然而，JSON 许可证几乎没有引起实际的争议，因为大多数用户都认为自己并未从事恶意活动。

但后来出现了大量新的道德许可证，其范围从业余许可证到遵守开源定义的复杂尝试。

- **反 996 许可证**。反 996 许可证是一个专业起草的许可证且有自身的 GitHub 讨论页面，旨在通过要求被许可方遵守当地劳动法，或至少遵守联合国的“核心国际劳动标准”（其中包括禁止贩卖人口）来解决软件工程师和其他人员的工作条件问题。“996”指的是每周 6 天、每天的工作时间从上午 9 点到晚上 9 点。该许可证仍然是目前最专业、最严肃的道德许可证。
- **反 ICE（移民海关执法局）许可证**。这是一个“蜡笔许可证”，该许可证发出后很快就被撤回了，其声称要撤销所有与美国移民海关执法局（US Immigration and Customs Enforcement，ICE）签约的组织使用该软件的许可。
- **希波克拉底（Hippocratic）许可证**。该许可证要求被许可方在使用本软件时做到“不伤害：任何人不得违反《联合国世界人权宣言》的规定将本软件用于主动和故意危害、伤害或以其他方式威胁身体、精神、经济或其他个人或群体的一般福利的系统或活动中”。这显然违反了自由 0 项。
- **疫苗许可证**。这个许可证系专业起草的，且涉及接种疫苗的必要性并暗示了对反疫苗运动的蔑视。该许可证于 2019 年 10 月提交给开源促进会（OSI），在 OSI 讨论列表中引发了热烈交流，但其获得认证的机会可能为零。该许可证的提交人名为 Filli Liberandum，大致翻译为“解放孩子”。匿名提交与其内容一样引发了很多争议，有人发帖称提交该许可证是为了测试 OSI 对道德许可证的态度。

比较反 996 许可证和反 ICE 许可证，可以说清某些关于道德许可证和开源定义（OSD）的争议。上面所列的这些许可证中，反 996 许可证最接近符合开源定义。该许可证是一份经过深思熟虑起草的文件，其作者在维基百科（WIKI）中解释了他们起草时的选择。其开发团队称，该许可证“被设计成与所有主要的开源许可证兼容”。该许可证的条件表述如下：

> 个人或法人实体必须严格遵守其法域内所有适用的与劳动就业相关的法律、法规、规则和标准……如果其法域内没有此类法律、法规、规则和标准，或其法律、法规、规则和标准无法执行，则个人或法人实体必须遵守核心国际劳动标准。

虽然该条是作为条件而非限制起草的，但有些人也许因为该条件与该软件使用或版权行使无关而认为该许可证不符合 OSD 的规定。该许可证从未向 OSI 提交认证，因此对其是否符合 OSI 的问题从未进行过详细审查。此外，因该许可证规定了 GPL 中没有的条件，而 GPL 明确规定禁止附加条件，故该许可证显然与 GPL 不兼容。

相比之下，反 ICE 许可证禁止任何与美国移民海关执法局签约的组织使用，并特别禁止包括微软、Palantir、亚马逊、东北大学（Northeastern University）、约翰斯·霍普金斯大学、戴尔、施乐、领英和 UPS 在内的 16 家组织使用。这些组织全部没有实施采用该许可证的 Lerna 项目。该许可证虽已被撤回，但其对该项目的拉取请求还在这儿。这一限制明显违反了自由 0 项的规定。该限制是由该项目的开发者之一采用的，虽然显然未得到该项目其他开发者的共识，但却得到了核心维护者的批准，其后来称：

> 尽管有最崇高的意图，但现在我清楚地意识到，这种改变的影响几乎 100% 是负面的，除了充满敌意的冷嘲热讽和有害的戏剧性事件，并没有朝向所宣称目标的明显进展……我正在恢复该许可证的改变。在未来，这种改变（如果有的话）将经过一个更加彻底、完全公开且公正的过程。

该项目撤回了修改条款，并以各种行为违规为由将该开发者踢出了该项目。

关于道德许可的哲学辩论仍在继续。自由软件和开源软件的前提是，软件使用应该像言论自由一样：没有道德和政治限制。然而，如今的开发者们和整个社会一样在政治上两极分化，试图利用许可来表达其观点。

虽然道德许可背后的原因可能值得同情，但其并非控制行为的有效工具。如果道德许可证规定了许可条件，那么对违反这些条件的唯一真正的救济措施就是禁止使用该软件。没有任何法律机制可以用许可证条件来遏制不道德行为或强制其有良好的行为。相反地，附商业条件的许可证触及了传统版权的核心，对违反这些条件的损害赔偿或禁令直接针对的是许可方的目的。

尽管如此，反 996 许可证既是一种宣传活动也是一种许可，从这方面讲，它发挥了作用，引发了人们对科技行业内外工作条件的浓厚兴趣和讨论。由此可见，GitHub 并不仅仅是一种开发工具，也是社区与开发者之间的重要媒介。

电子书、表格及清单

本书英文版在 Amazon.com 上有纸质版和 Kindle 格式。如果您想得到本书英文版的 pdf 格式电子文件，请访问我的网站 www.heathermeeker.com。我的网站上提供了一个链接（目前位于“链接”标签），可以注册一个电子邮件列表，以方便订阅本书的更新和相关新闻。该邮件列表的流量很小，而且取消订阅很方便。欢迎邮件将为您提供在该网站上下载本书英文版副本的凭证。

该页面可能还包含一些有用的表单，我将不定期更新，但我的大部分表单现在已经迁移到 www.blueoakcouncil.org 上，该网站为实用的开源教育提供了同行评审的材料。诸如您公司的开源合规政策、代码发布和贡献的检查表，以及开源代表的模板，请查看那里的表单。如果您无法访问所需材料，请随时给我发送电子邮件：hmeeker@heathermeeker.com。

词汇表及索引

Apache基金会（Apache Foundation）

一个开源项目（包括Apache Web服务器）促进组织。Apache基金会是**Apache许可证（Apache License）**的作者。

API（Application Program Interface，应用程序接口）

软件的编程接口，由构成例程输入或输出的变量类型和名称组成。在面向对象的编程中，API可以是一个类定义。

构建脚本（build script）

构建程序的一组自动指令。通过构建过程将一组对象或其他程序元素组合成一个完整的可执行程序（对于低级语言，这包括链接）。

工具箱（BusyBox）

一套在所有主要的Linux发行版中都有的UNIX实用程序。BusyBox是基于GPL授权的，并且一直是大多数法院开源维权的对象。BusyBox最初系由布鲁斯·佩伦斯（Bruce Perens）编写，但维权动作系由后来的作者们采取。

编译器（compiler）

将源代码翻译成可执行代码对象的程序。

CLAs（contribution agreements or **contribution licenses，贡献协议**或**贡献许可）**

通常根据开源许可证或双重许可证对贡献材料进行再许可的开源项目的权利入站许可。其通常是许可，但有时是权利转让。

著佐权（Copyleft）

一种带有所谓病毒或相同方式共享（ShareAlike）条款的许可证，有时称作“自由软件”许可证，其包括GPL、LGPL、MPL和CDDL等。变体包括强著佐权（通常只用于描述GPL）、弱著佐权（用于描述公司风格的许可证，如MPL、EPL、CDDL且通常是LGPL）和超强著佐权（通常用于Affero GPL）。

防御性终止（Defensive termination）

专利许可中的一项条款，如果被许可方采取某些行动（通常包括对许可方提出专利诉求或对可执行的专利提出质疑）时，则终止该许可授权。在开源许可中，该触发条款通常仅限于对被许可软件提出专利权利主张。

衍生作品（Derivative works）

对可享有版权作品（包含足够的独创性以构成可保护的作品）的修改。衍生作品常常与不仅包括衍生作品还包括含有不受保护的、对原作进行琐碎修改的侵权作品相混淆。衍生作品是主要用于《美国版权法》中的术语，其定义在《美国法典》第17卷第101节中。

分发（Distribution）（或Redistribution，再分发）

大多数开源许可证合规条件的触发因素。这是《美国法典》第17卷第106节中枚举的版权权利之一。

双重许可（Dual licensing）

一种商业模式，在这种模式中，许可方提供通过开源许可证（通常是GPL）或专有许可协议来许可产品。双重许可大多已被开放核心模式取代。

自由软件（Free software）

指符合wwwgnuorg/philosophy/free-swhtml自由软件定义的软件。其与著佐权大致相同，但有时仅指GPL软件。

自由0项（Freedom Zero）

自由软件定义中的“四大自由”之一，“基于任何目的，按照您的意愿运行本程序的自由”。 ………………………………………………… 6、53、251-253

FSF（Free Software Foundation，自由软件基金会）

一个倡导自由软件的组织。FSF是GNU项目和GPL系列许可证的管理者。 … 3

GitHub

世界上最流行的在线版本系统和开发工具，目前由微软拥有。其是目前最大的开源项目集合，但也包含基于其他类型许可证的软件。 ……… 3、47、145、233

GPL（GNU General Public License，GNU通用公共许可证）

由FSF管理的原始著佐权许可证。其最新版本是v3.0，但v2.0更常见（www.gnu.org/copyleft/gpl.html）。

JavaScript

一种脚本语言，它在客户端浏览器内运行服务器交付的代码；不应将其与太阳微系统公司编写的面向网络的编程语言Java相混淆。JavaScript是SaaS系统中经常被忽视的分发行为之一。 ………………………………………………… 16–17

LGPL（GNU Lesser General Public License，GNU宽松通用公共许可证）

GPL的一个变体，LGPL可以将许可的代码用作专有许可协议的库。其最新版本是v3.0，但v2.1比较常见（wwwgnuorg/copyleft/lgplhtml）。

与GPL的兼容性 ………………………………………………………… 第9章

自由或死亡（Liberty or death）

GPLv2.0第7条的昵称："如果因法院判决或专利侵权主张对您施加的条件与本许可证的条件相抵触，并不能使您免于遵守本许可证的条件。如果您在分发时不能同时满足本许可证规定的义务和其他任何相关义务，则您不得分发本程序。" ……………………………………………………… 40、59、169

许可证管理员（license steward）

负责更新开源许可证并发布新版本的组织或个人。 ……………………… 40、125

链接（Linking）

编译器将多个目标代码文件组合成一个可执行程序的过程。**动态链接**是一种对象链接方式，其只在运行时根据需要执行某些对象。**静态链接**是一种在程序启动时加载所有被链接对象的对象链接方式，即使不使用该对象，也会在内存中持久存在。链接是一种程序构建手段，主要用于C语言等低级语言。

……………………………………………………………… 15–16、23–28

链接和GPL例外 ………………………………………………………………41

链接和LGPL ………………………………………………………… 第9章

林纳斯·托瓦兹（Linus Torvalds）

Linux

Mozilla基金会（Mozilla Foundation）

开源（Open Source）

开源促进会（OSI）

宽松（Permissive）

专有许可（Proprietary）

描述了一种许可协议（比如最终用户许可协议），其授予的权利是受限制的，通常不包括接收、修改或再分发源代码的权利。该术语虽然使用非常普遍，但我认为其有误导性。唯一真正的非专有许可软件（在版权意义上）是专用于公有领域的软件。 ……53

专有许可和“污染” ……62

公有领域（Public domain）

其知识产权已被所有者放弃的材料（如创作作品）。 ……50

理查德·斯托曼（Richard Stallman）

自由软件的发明者，也是GNU通用公共许可证的作者。

……2-4、75、116、167、249

SaaS（Software as a Service，软件即服务）

一种业务模式，在该模式中，供应商出售软件功能的访问权，但该软件运行在供应商的计算机系统上。可以将此与供应商出售的在客户计算机系统上运行的软件副本许可的“本地”或发行版业务模式类比。

……35、75-79、83、127、137、249

SFLC（Software Freedom Law Center，软件自由法律中心）

一个无偿向开源软件作者提供法律服务的组织。SFLC参与的维权行动，大多是非正式的。 ……124、159、205-207、229、231

SPDX

传递软件授权信息的标准格式。SPDX项目由Linux基金会赞助。 ……91

Tivo化（Tivoization）

一种如果某设备的软件出厂状态被修改，则限制对设备或相关服务进行访问的技术手段的昵称。这是GPLv3.0的“用户信息”条款所关注的问题之一。

……132-133

企鹅Tux（Tux the Penguin）

Linux的非官方吉祥物的卡通形象。 ………………………………………… 174

UNIX

AT&T贝尔实验室为“小型”系统开发的操作系统。UNIX是基于宽松许可条款进行许可的，然后转为专有许可条款，导致该系统分叉成许多个“风格”不兼容的系统。Linux是作为UNIX的自由软件的替代方案而编写的。Linux符合UNIX的接口标准，但根据GPL进行许可。 ………………………………………… 前言2-4

许可证版本（Versioning of License）

许可证管理者发布连续的许可证版本，通常许可方可以选择单一版本，或者选择管理者发布的某一或任何后续版本。 ………………………………………… 124

WTFPL（WTF Public License）

一种自诩为“非常宽松”的许可证，即“您可以对公共许可证为所欲为”。www.wtfpl.net/faq 上的FAQ是趣味阅读。 ………………………………………47

案例索引